采油工程

2024年第2辑

大庆油田有限责任公司采油工艺研究院　编

石油工业出版社

图书在版编目（CIP）数据

采油工程．2024年．第2辑 / 大庆油田有限责任公司采油工艺研究院编．— 北京：石油工业出版社，2024.6
ISBN 978-7-5183-6655-2

Ⅰ.①采… Ⅱ.①大… Ⅲ.①石油开采 Ⅳ.①TE35

中国国家版本馆CIP数据核字（2024）第079236号

《采油工程》编辑部
地　　址：黑龙江省大庆市让胡路区西宾路9号采油工艺研究院
邮　　编：163453
电　　话：0459-5974645　010-64523589
邮　　箱：cygc@petrochina.com.cn

出版发行：石油工业出版社
（北京安定门外安华里2区1号　100011）
网　　址：www.petropub.com
经　　销：全国新华书店
印　　刷：北京晨旭印刷厂

2024年6月第1版　2024年6月第1次印刷
880毫米×1230毫米　开本：1/16　印张：5.5
字数：158千字

定价：45.00元

采油工程
2024年 第2辑

目 次

人工举升与节能

抽油杆检测技术发展浅析 郑 贵，马千惠，王桂全，胡振兴，舒红宇 1

集群式液压直驱抽油机举升技术现状及展望 高大鹏 6

抽油机井数字化采集电参反演示功图技术应用效果评价 孔慧云，侯志欣，赵佳秋，曹鼎洪，寇洪彬 13

柔性金属防垢泵的应用与优化 张 菁 18

增产增注技术

合川气田茅口组碳酸盐岩深度酸化压裂技术探索 卢澍韬，马文海，齐向生，张 永，杨春城 22

化学驱高效测调技术改进与应用 赵 坤，伊 坤，刘 庚，尹 旭，孙宇飞 29

化学固砂压裂工艺在喇嘛甸油田的应用 郝振兴 34

钻完井与修井

M203-平 1 井钻井设计优化与实践 杨金龙，王鹏浩，潘荣山，陶丽杰，张春祥 40

大庆油田套管头选用分析研究 刘美玲，李继丰，马金龙，王伟东，韩德新 45

长垣老区密井网零散更新井控压钻井技术应用 赵东亮，宋利军，董玉辉，王月英 49

无通道及有落物井有效报废治理工艺研究与应用 韩 洋，孙 亮，韩重莲，刘俊伟，雷 成 54

油田基础设施及施工管理

浅谈湿沼地段光伏发电桩基础施工 赵国宏 58

基建施工常见事故及预防措施浅析 赵 忱 62

X 油田 U 型井地热替代试验工程研究 周新荣，李 童，吴广民，姜 汝，马媛媛 66

抽油机减速箱输出轴渗漏治理 常 晖 71

英文摘要 77

OIL PRODUCTION ENGINEERING

Contents

ARTIFICIAL LIFT AND ENERGY SAVING TECHNOLOGY

Analysis of the inspection technology for sucker rods and its development
Zheng Gui, Ma Qianhui, Wang Guiquan, Hu Zhenxing, Shu Hongyu 1

Present situation and prospect of lifting technology for cluster pumping units with hydraulic direct driving
Gao Dapeng 6

Evaluation of application effect of indicator diagram technology with electric parameter inversion through digital acquisition in pumping wells
Kong Huiyun, Hou Zhixin, Zhao Jiaqiu, Cao Dinghong, Kou Hongbin 13

Application and optimization of flexible metal anti-scaling pump Zhang Jing 18

STIMULATION AND STIMULATED INJECTION

Exploration of deep acid fracturing technology for carbonate rocks of Maokou Formation in Hechuan Gas Field Lu Shutao, Ma Wenhai, Qi Xiangsheng, Zhang Yong, Yang Chuncheng 22

The improvement and application of high-efficient measurement and adjustment technology for chemical flooding Zhao Kun, Yi Kun, Liu Geng, Yin Xu, Sun Yufei 29

Application of chemical sand consolidation fracturing technology in Lamadian Oilfield Hao Zhenxing 34

DRILLING, COMPLETION AND WORKOVER

Drilling design optimization and practice of the Well M203-P1
Yang Jinlong, Wang Penghao, Pan Rongshan, Tao Lijie, Zhang Chunxiang 40

Analysis of casing head selection in Daqing Oilfield
Liu Meiling, Li Jifeng, Ma Jinlong, Wang Weidong, Han Dexin 45

Application of pressure controlled drilling technology in scattered renewal wells with dense well pattern in Placanticline Old Area Zhao Dongliang, Song Lijun, Dong Yuhui, Wang Yueying 49

Study and application of effective abandoned treatment technology for non-passage and junk wells
Han Yang, Sun Liang, Han Zhonglian, Liu Junwei, Lei Cheng 54

OILFIELD INFRASTRUCTURE AND CONSTRUCTION MANAGEMENT

Discussion on the foundation construction of photovoltaic power generation pile in wet marsh areas
Zhao Guohong 58

Analysis of common accidents and preventive measures in infrastructure construction Zhao Chen 62

Engineering research on geothermal alternative experiment of U-shaped well in X Oilfiel
Zhou Xinrong, Li Tong, Wu Guangmin, Jiang Ru, Ma Yuanyuan 66

Leakage treatment for the output shaft of gearbox in the pumping unit Chang Hui 71

ABSTRACT 77

抽油杆检测技术发展浅析

郑　贵[1,2,3]，马千惠[1,2]，王桂全[1,2,3]，胡振兴[4]，舒红宇[1,2]

（1. 大庆油田有限责任公司采油工艺研究院；2. 黑龙江省油气藏增产增注重点实验室；
3. 多资源协同陆相页岩油绿色开采全国重点实验室；4. 大庆油田有限责任公司第三采油厂）

摘　要：随着我国各大油田非常规油藏的开发，对有杆抽油系统中抽油杆产品的性能提出了更高的要求，导致抽油杆的性能指标也发生了相应的变化。通过研究抽油杆检测标准的发展历程，梳理出抽油杆的性能指标、检测项目及检验方法变化，分析了抽油杆产品的发展趋势，并对抽油杆检测技术提出了优化建议，为抽油杆标准的使用、国家标准的制定和检测技术的发展提供了技术参考。

关键词：抽油杆；检测项目；检验方法；性能指标；发展趋势

有杆泵采油系统是我国各大油田的主要采油方式，该系统年产油量占比约为75%。抽油杆上接光杆、下接抽油泵，起传递动力作用，是有杆泵采油系统中的重要部件之一[1-2]。随着抽油杆制造技术的不断发展，尤其在我国“一带一路”倡议实施后，抽油杆市场逐步呈国际化趋势发展，目前中国已成为抽油杆出口大国，销往美国、加拿大等国家和地区。

随着油田开发难度的加大，特别是近年来非常规油藏的开发，水平井、深井、超深井井数逐年增加，对抽油杆的性能有了更高的要求。目前我国抽油杆失效事故约占采油井生产事故总数的35%。抽油杆的失效严重影响了采油井连续作业，不仅存在严重的安全隐患，还会造成巨大的经济损失[3-5]。因此对抽油杆的性能评价与检测至关重要。

1 抽油杆检测标准发展历程

1.1 GB 7229—1987《抽油杆及其接箍》

该标准由中华人民共和国原机械工业部、原石油工业部提出，参照美国石油学会API Spec 11B《抽油杆规范》（1984年第20版，1985年第21版）制定。制定该标准主要适用于有杆抽油装置所使用的螺纹连接的实心钢制抽油杆及接箍，主要内容为型号、等级和结构尺寸、连接螺纹、技术要求、检验方法、打印、防护处理及色标、包装、运输及验收规则，并在附录中给出了校对量规和标准量规、各种表面缺陷的定义、抽油杆抗拉试验和冲击试验的要求。该标准负责起草单位为兰州石油机械研究所、兰州通用机械厂、玉门石油管理局机械厂，于1987年9月1日实施。目前该标准已废止，由SY/T 5029—1995《抽油杆（抽油杆短节、光杆、接箍和异径接箍）》代替。

1.2 SY/T 5029—1995《抽油杆（抽油杆短节、光杆、接箍和异径接箍）》

该标准由全国石油钻采设备和工具标准化技术委员会提出并归口。在等效采用ISO 10428：1993（即API Spec 11B 1990年第24版）的情况下，补充了一端镦粗光杆和有关抽油杆材料的力学性能，删去了API Spec 11B中的扉页、关于复印或翻译的注解、API会标的使用、政策性声明、

第一作者简介：郑贵，1965年生，男，教授级高级工程师，现主要从事油田机械、化学产品的检测技术及标准化研究工作。邮箱：zhenggui@ petrochina. com. cn 。

对使用API会标许可证申请的声明、API许可证协议书，以及校对标准量规一览表。相较于GB 7229—1987《抽油杆及其接箍》，该标准增加了光杆、光杆衬套、光杆卡子、密封盒和抽油三通的内容。等效采用国际标准ISO 10428：1993是《抽油杆（包括抽油杆短节、光杆、接箍和异径接箍）》标准与国际标准接轨、适应国际贸易、技术交流及参加国际标准化活动的需要。该标准负责起草单位为中国石油勘探开发研究院石油工业标准化研究所、玉门石油管理局机械厂，于1996年6月30日实施。目前标准已废止，由SY/T 5029—2003《抽油杆》代替实施。

1.3 SY/T 5029—2003《抽油杆》

该标准由全国石油钻采设备和工具标准化技术委员会提出并归口。修改采用了API Spec 11B《抽油杆规范》(1998年第26版）的相关内容，删除了其中的“特别声明”及附录A“对被授权使用API会标厂的要求”。相较于SY/T 5029—1995《抽油杆(抽油杆短节、光杆、接箍和异径接箍）》，该标准增加了纤维增强塑料抽油杆和加重杆内容。该标准负责起草单位为玉门石油管理局机械厂，于2003年8月1日实施。目前该标准已废止，由SY/T 5029—2006《抽油杆》代替实施。

1.4 SY/T 5029—2006《抽油杆》

该标准由全国石油钻采设备和工具标准化技术委员会提出并归口。修改采用API Spec 11B：1998《抽油杆规范》(第26版)，代替SY/T 5029—2003《抽油杆》和SY/T 6272—1997《超高强度抽油杆》，在结构上做了较大程度的调整。根据我国国情和抽油杆生产的实际需要，该标准在采用国际标准时进行了修改。与SY/T 5029—2003《抽油杆》和SY/T 6272—1995《超高强度抽油杆》相比，增加KD级、HL型和HY型抽油杆；规定了钢制抽油杆的常规力学性能；删去“短杆”一词，将短杆长度系列归入抽油杆长度系列；增加了抽油杆疲劳性能要求、试验方法和冲击韧性要求。该标准负责起草单位为玉门油田分公司（局）机械厂，于2007年4月1日实施。目前该标准已废止，由SY/T 5029—2013《抽油杆》代替实施。

1.5 SY/T 5029—2013《抽油杆》

该标准由全国石油钻采设备和工具标准化技术委员会提出并归口。修改采用API Spec 11B：2010《抽油杆、光杆和衬套、接箍、加重杆、光杆卡子、密封盒和抽油三通规范》。该标准与API Spec11B：2010相比存在技术差异[6]，如表1所示。相较于SY/T 5029—2006《抽油杆》，该标准主要增加了部分术语和定义、符号、缩写、功能要求、材料要求、制造厂商要求、有杆抽油系统图及抽油杆表面不连续性的典型实例。该标准负责起草单位为玉门油田分公司钻采工程研究院，于2014年4月1日实施，目前该标准为有效实施阶段。

表1　两标准主要技术差异情况表

序号	章条编号	差　异
1	第2章	(1) 采用15项国家标准代替API标准； (2) 增加标准GB/T 4336—2002、GB/T 5617—2005、GB/T 20125—2006、GB/T 260175—2010
2	第4章	增加了H级抽油杆和一端镦粗光杆的相关符号：D_{T1}、L_p、R、α、r、B_o
3	附录A	(1) 增加“7898.4mm”和“9898.4mm”两种规格的抽油杆； (2) 增加H级抽油杆的相关要求： ①HL型、HY型抽油杆环形槽和扳手示意图和HY型抽油杆扳手尺寸数据表； ②HY型抽油杆表面淬硬层深度要求及检验方法； (3) 增加KD级、HL型、HY型抽油杆色标的要求
4	附录B	增加一端镦粗光杆的相关要求
5	附录C	(1) 增加小井眼接箍、喷焊接箍的图示； (2) 修改了接箍硬度的技术指标
6	附录L	增加了钢制抽油杆疲劳性能试验
7	附录M	增加了钢制抽油杆冲击韧性性能要求
8	附录N	增加了抽油杆和附件的代号表示方法

2 抽油杆检测项目及指标变化

20世纪70年代末，我国只有两个抽油杆制造厂，年生产能力仅为200×10^4m，抽油杆产品的质量和数量均不能满足我国油田原油开采的要求[7]。随着我国主要油田的开采方式发生改变，大部分采油井由自喷采油转为机械采油，同时投入开发的油藏类型越来越复杂，原石油工业部自 1981 年起将抽油杆研制列为重点研究课题。多年来，我国各抽油杆生产企业、油田、研究院所和高等院校在抽油杆的行业标准、用材、生产设备、生产工艺、质量控制、新产品开发、失效分析等方面开展了研究工作，并取得了巨大成绩[8-10]。随着抽油杆产品的不断发展，其性能指标与检测项目也随之变化，对比 SY/T 5029—1995《抽油杆（抽油杆短节、光杆、接箍和异径接箍）》与 SY/T 5029—2013《抽油杆》，具体差异如表 2 所示。

表 2　SY/T 5029—1995 与 SY/T 5029—2013 指标差异表

序号	检测项目	SY/T 5029—1995	SY/T 5029—2013
1	抽油杆等级	K、C、D	K、C、D、KD、HY、HL
2	抽油杆公称尺寸(mm)	13、16、19、22、25、29	16、19、22、25、29
3	抽油杆力学性能	（1）K 级钢制抽油杆抗拉强度为 586~793MPa；（2）K 级钢制抽油杆下屈服强度不小于 372MPa	（1）K 级钢制抽油杆抗拉强度为 621~793MPa；（2）K 级钢制抽油杆下屈服强度不小于 414MPa；（3）增加 KD 级、HY 型、HL 型抽油杆的力学性能指标
4	抽油杆化学成分	仅规定材料而未规定化学成分及化学分析检测方法	（1）应为 GB/T 26075 中系列钢材或等效钢材中的任一化学成分；（2）应按 GB/T 223、GB/T 4336、GB/T 20125 的规定进行
5	抽油杆端部直线度	允许最大全跳动值为 5.08mm	允许最大全跳动值为 3.30mm
6	抽油杆表面不连续性	11 种	18 种
7	抽油杆疲劳性能	未规定	规定了疲劳性能试验的试验应力、循环周次、试样类型、试验方法
8	接箍力学性能	（1）未规定抗拉强度；（2）硬度值为 58~62HRA	（1）最小抗拉强度为 655MPa；（2）优质碳素钢硬度值为 56~62HRA，合金钢硬度值为 58~65HRA
9	光杆力学性能	未规定	应符合同等级钢制抽油杆的要求
10	光杆化学成分	未规定	应为 GB/T 26075 中系列钢材的任一化学成分
11	纤维增强塑料抽油杆	未规定	规定纤维增强塑料抽油杆的设计要求、材料要求、检验和试验、包装、标志、订货信息等方面
12	加重杆	未规定	规定加重杆的设计要求、材料要求、检验和试验、包装、标志、订货信息等方面
13	代号表示方法	未规定	规定抽油杆和附件的代号表示方法、代号含义及示例

由表 2 可知，目前执行的 SY/T 5029—2013《抽油杆》标准更贴近油田的实际应用需求，增加了 KD 级、HY 型、HL 型 3 种等级的抽油杆产品及纤维增强塑料抽油杆和加重杆，删除了直径为 13mm 的抽油杆，详细地规定了抽油杆及光杆的力学性能和化学成分，增加了疲劳性能要求，更加侧重于抽油杆产品的机械性能及耐用度，统一了抽油杆和附件的代号表示方法，相对于旧版标准更加科学合理，适应性更强。

3 抽油杆产品发展趋势

随着我国大多数油田进入开发中后期，尤其是化学驱开采对抽油杆的防腐耐磨要求越来越高，钨合金防腐耐磨抽油杆、光杆及接箍应时而生。钨合金防腐耐磨抽油杆具有优良的抗腐蚀、耐磨损特性，特别是在井下高温高压的恶劣环境下对 H_2S、CO_2、Cl^-的防腐性能良好、适用环境广且价格低廉，在塔里木、中原等国内油田和乌兹别克斯坦、阿曼等国外油田也广泛使用。钨合金防腐耐磨产品现场使用周期长，大大降低了因抽油杆断脱导致的采油井故障，减少了修井作业率，降低了开采成本，延长了抽油机井的工作时率，达到降本增效的目的，经济效益显著。其主要技术指标如表 3 所示。

表3　钨合金防腐耐磨抽油杆主要技术指标表

序号	检测项目	指　标
1	外观	表面应有金属光泽，且无漏镀、起泡、剥落等缺陷，镀层应无肉眼可见通达基体的裂纹
2	镀层组分	钨的含量应不低于12%（质量分数），镍的含量应不低于65%（质量分数）
3	镀层厚度	单边应不小于0.03mm
4	镀层硬度	不小于550 HV0.1
5	耐蚀性能	按照GB/T 10125的规定进行中性盐雾试验300h，按照GB/T 6461的规定进行评定，保护评级应不低于9级
6	附着强度	符合GB/T 5270—2005的规定

注：其他指标应符合相应公称直径钢制抽油杆的要求。

4 关于抽油杆检测技术的优化建议

4.1 力学性能

SY/T 5029—2013《抽油杆》中仅对钢制抽油杆和短杆、光杆的力学性能指标进行了规定，未对试样类型进行详细规定；对于接箍的力学性能指标仅规定了最小抗拉强度值，未对优质碳素钢接箍和合金钢接箍进行区分。针对上述问题，开展了钢制抽油杆和短杆、光杆的力学性能试样类型及接箍的力学性能指标研究。确定了试样类型，其中钢制抽油杆和短杆采用全尺寸试样，如图1所示。光杆采用全尺寸试样或A型机械加工试样（HY型光杆和带有喷焊金属层的光杆除外），如图2、表4所示。接箍力学性能试验可采用B型机械加工试样，如图3、表5所示，其力学性能如表6所示。

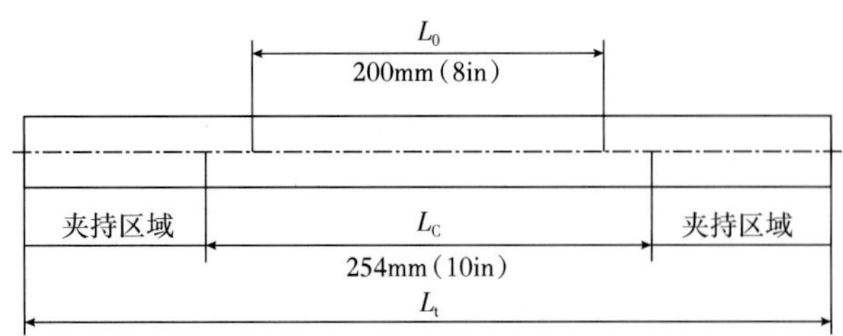

图1　全尺寸试样图

L_0—原始标距；L_C—平行长度；L_t—试样总长度

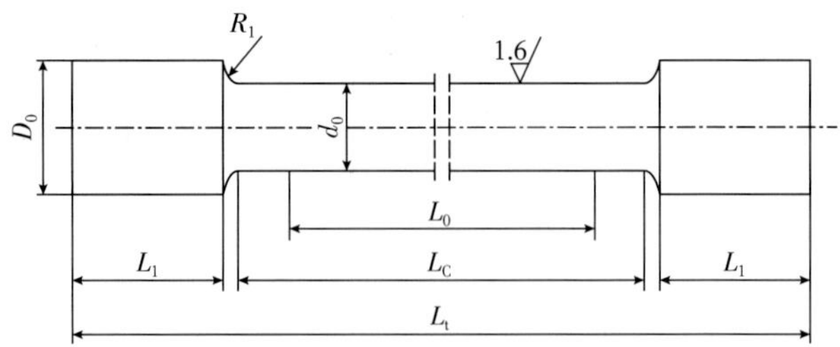

图2　光杆A型机械加工试样图

D_0—原始直径；d_0—平行长度的原始直径；

L_1—夹持区域长度；R_1—过渡圆角半径

表4　光杆A型机械加工试样尺寸表

公称尺寸（mm）		29	32	38
平行长度 L_C（mm）	最小	254.00	254.00	254.00
夹持区域长度 L_1（mm）	最小	101.60	101.60	101.60
原始直径 D_0（mm）	尺寸	28.58	31.75	38.10
	公差	+0.13 −0.25	+0.13 −0.25	+0.13 −0.25
平行长度的原始直径 d_0（mm）	尺寸	25.400	28.575	28.575
	公差	±0.127	±0.127	±0.127
原始标距 L_0（mm）	尺寸	203.2	203.2	203.2
	公差	±0.127	±0.127	±0.127
过渡圆角半径 R_1（mm）	最小	9.53	9.53	9.53

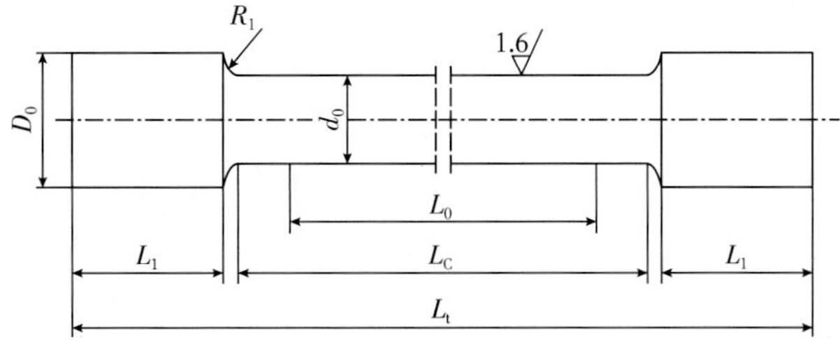

图3　接箍B型机械加工试样图

表5　接箍B型机械加工试样尺寸表

尺寸（mm）		2.50	4.00	6.25	8.75	12.50
平行长度 L_C（mm）	最小	16	20	32	45	60
平行长度的原始直径 d_0（mm）	尺寸	2.50	4.00	6.25	8.75	12.50
	公差	±0.05	±0.08	±0.12	±0.18	±0.25
原始标距 L_0（mm）	尺寸	10	16	25	35	50
	公差	±0.10	±0.10	±0.10	±0.10	±0.10
过渡圆角半径 R_1（mm）	最小	2	4	5	6	10
产品壁厚 t（mm）	最大	5.77	8.15	12.73	17.81	25.43

表 6　接箍和异径接箍的材料及力学性能表

等　级	材　料	下屈服强度（MPa）	抗拉强度（MPa）
T	优质碳素钢	≥414	655～862
H	合金钢	≥552	862～1068

4.2 疲劳性能

抽油杆主要失效形式是疲劳断裂或腐蚀疲劳断裂，同时杆柱的偏磨会加剧疲劳断裂现象的出现[11]。因此抽油杆疲劳性能是反映抽油杆综合性能的重要指标，准确高效评价与检测疲劳性能为提高抽油杆产品质量及产品竞争力奠定基础。统计近年来抽油杆疲劳试验的成功率约为 20%，试验失败的主要原因是试样断裂在夹持部位，而非有效部位。过低试验成功率的疲劳试验不仅浪费抽油杆样品，同时降低了实验人员的工作效率，增大了工作强度。针对上述问题，对影响抽油杆疲劳性能试验成功率的因素进行分析，开展试样类型的研究，最终优选出哑铃型试样（图 4），试样尺寸数据如表 7 所示。

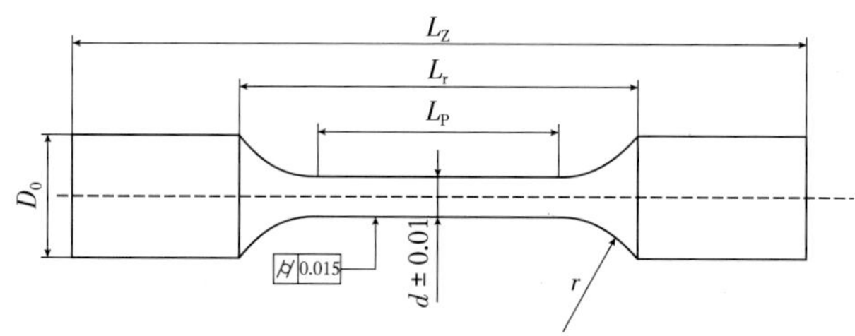

图 4　哑铃型试样图

d—减缩部分直径；L_P—疲劳性能试样平行长度；L_r—减缩部分长度；L_Z—疲劳性能试样长度；r—过渡弧半径

表 7　哑铃试样尺寸数据表

公称尺寸（mm）	16、19	22、25、29
减缩部分直径 d（mm）	8±0.01	10±0.01
平行长度 L_P（mm）	≥16	≥20
过渡弧半径 r（mm）	≥16	≥20
减缩部分长度 L_r（mm）	≤64	≤80

5 结　论

（1）为满足油田不同油藏开采需求，要不断研发新型抽油杆产品，提高其性能指标。抽油杆产品检测更加重视力学性能、化学分析及疲劳性能。

（2）抽油杆标准应与时俱进，标准不仅是保护使用者权益的屏障和保障产品质量的有力支撑，更是监督制造者的一把标尺。

（3）随着对抽油杆产品性能要求的不断提高，应紧跟产品变化与检测技术变化，将新产品、新技术融合到标准中，持续推进抽油杆标准发展，为抽油杆国家标准的制定奠定基础，促进抽油杆行业高质量发展。

参考文献

[1]　程寓．抽油杆疲劳试验夹持装置设计与制造研究［D］．西安：西安石油大学，2021.

[2]　梁毅，赵春，樊松，等．抽油杆疲劳性能实验分析［J］．装备环境工程，2019，16（7）：39-42.

[3]　张朋举，张永军，虎海宾，等．抽油杆失效形式分析及修复技术现状［J］．焊管，2018，41(6)：62-65.

[4]　马千惠．抽油杆拉扭综合实验机研制与应用［G］//大庆油田有限责任公司采油工程研究院．采油工程 2019 年第 3 辑．北京：石油工业出版社，2019：70-73.

[5]　董振，东童志，周洪宇，等．抽油杆钢材的发展和抽油杆的服役失效［J］．材料导报，2021，35（19）：19161-19169.

[6]　吴则中，陈强，钟永海，等．我国 29 年来抽油杆研制工作回顾与展望［J］．石油矿场机械，2012，41（1）：62-67.

[7]　吴则中，钟永海，孟忠良，等．我国抽油杆研制工作的现状及发展方向［J］．石油矿场机械，2008，36（2）：63-66.

[8]　雷宇，李强，孙延安，等．碳纤维连续抽油杆优化设计与井下抽油杆柱匹配试验［G］//大庆油田有限责任公司采油工程研究院．采油工程 2021 年第 4 辑．北京：石油工业出版社，2021：75-79.

[9]　抽油杆：SY/T 5029—2013［S］.

[10]　何雄，马光合，许新雷，等．HK 级抽油杆研制与试验研究［J］．石油矿场机械，2013，42（3）：59-62.

[11]　刘惠荣．抽油杆腐蚀行为与腐蚀疲劳性能研究［D］．武汉：华中科技大学，2015.

集群式液压直驱抽油机举升技术现状及展望

高大鹏

（大庆油田有限责任公司开发事业部）

摘　要：游梁式抽油机局限于系统的结构和使用条件，用电效率平均在30%以下。而液压抽油机举升技术具有节能减排、绿色低碳、安全环保、智能化程度高、成本低、省人力、占地少等优点，技术优势显著，应用前景较好，适用于中小排量采油井集约化建产、工厂化作业、智能化管控。通过调研国内外液压抽油机技术应用现状，梳理出目前广泛应用的3种液压抽油机的结构、工作原理、技术优势和不足，同时对3种液压抽油机的现场应用效果进行跟踪评价，从节电率和经济性两方面衡量应用效果，最后总结了液压抽油机研发设计面临的技术挑战和未来发展趋势，为液压抽油机多元发展、定型技术系列和管理模式、提升科研人员研发设计水平、实现推广应用奠定基础和指明方向。

关键词：液压抽油机；液压系统；节能；智能化；举升技术

目前，油田在用举升设备以常规游梁式抽油机为主，约占举升设备总数的90%，游梁式抽油机总数约为30万台，年耗电总量约为130×10^8kW·h[1]，占油田总耗电量的40%左右，为油田耗电第一大户。在采油成本中，抽油机电费占30%左右，成本费用支出较大。游梁式抽油机的主要问题是能耗大、效率低（普遍只有16%～23%，最高不到30%）、钢材耗量大、占地面积大、设备造价高、调整冲程不方便、智能化程度低等，不利于实现采油工厂化远程集中控制与管理[2]。

液压传动技术不管是现在还是未来在工业体系中都会占有重要位置，在各个行业里都能见到其身影[3]。液压传动技术具有很多优势，比如输出功率大、自动控制程度高和占地空间小等[4]。以液压传动技术为基础研制的液压抽油机具有液压传动技术的优点，对于冲程、冲次的良好调节性可以最大限度地发挥中后期油田的产能[5]。同时也能够解决游梁式抽油机存在的诸多问题，经济效益和社会效益可观。国外在20世纪50年代开始液压驱动与控制抽油机的研制，国内是在20世纪70年代开始的，并且取得了一定的成果[6-7]。

20世纪中期，国外公司率先启动液压抽油机研究工作。随着液压传动水平的提高，液压抽油机的结构和系统效率也随之大幅提高[8]。自此液压抽油机进入快速发展阶段，一些公司和厂家研制出应用效果好、结构简单、可靠性高且性能优良的液压抽油机。总体来说，国外液压抽油机主要采用液压直驱方式，结构类型分为全密封和半密封两类，发展方向是全密封。

20世纪70年代，国内的石油开采形势比较严峻，因此对抽油设备的结构性能提出了更高要求，国内液压抽油机研究自此起步，以应对不利形势，提高原油产量。尽管国内对液压抽油机的研究开始较晚，但是发展很迅速，很多企业、高校已经成功研发并试制了一系列液压抽油机[9]。

目前液压抽油机主要有3种研究方向（表1）。第一种直连式液压抽油机[10]，井口为直驱方式、全密封结构，致力于液压直驱抽油机研发设计；第二种绳轮式半直驱液压抽油机[11]，研究方向与直连式液压抽油机相反，向半直驱、井口半密封

作者简介：高大鹏，1982年生，男，高级工程师，现主要从事采油工程、井下作业和增产增注方面工作。
邮箱：gao-dapeng@petrochina.com.cn。

转变；第三种井下悬挂式液压抽油机[12]，专注井下悬挂式液压直驱抽油机研发设计，攻克了基于套管空间的动液面测试和示功图仪放置、原油和液压油路的密封及畅通流动空间、机械结构安全测试、井下作业等难题，2013 年该技术处于试验评价阶段。

总体来说，国内液压抽油机研究工作相对美国、德国等西方国家起步较晚，尤其是产品的矿场试验进展方面；但发展速度较快，已经取得了一定成果，但仍有很长的路要走。国内液压抽油机井口直驱和半直驱方式并存、井口全密封和半密封结构并存、井口直驱和井下直驱结构并存，发展方向是井口直驱、全密封。受限于液压领域技术水平及游梁式抽油机传动方式传统设计思想制约，使得部分液压驱动与控制抽油机的设计思路（如液压驱动的塔架式抽油机、有绳轮和悬绳器的液压抽油机等）未能突破常规游梁式抽油机设计理念，因此液压抽油机不能一概而论，集群式液压抽油机应满足液压直驱井下抽油泵这一基本条件，所以主要针对第一种研究方向，即直连式液压抽油机开展介绍。

表 1　3 种液压抽油机举升技术对比表

名　称	直连式液压抽油机	绳轮式半直驱液压抽油机	井下悬挂式液压抽油机
主要结构方式	井口直驱、全密封	地面绳轮式半直驱、半密封	井下直驱、全密封
应用井数（口）	40	90	3
安装维护施工作业	操作维护简单安全，不需要浇筑基础和移机让位	结构相对复杂，维护保养部件多，需要浇筑基础和移机让位	安装和拆卸过程复杂，维护简单，无需浇筑基础和移机让位
最大冲程（m）	5（冲程可定制）	9	5~7
最大冲次（min^{-1}）	6	2.5	6
最大悬点载荷（kN）	100（可定制）	160	120
主要优点	井口全密封、智能化程度高、作业简便	长冲程、低冲次	井口全密封、长冲程、低冲次，有助于降低井口采出液黏度
主要缺点	冲程 3m 结构已成熟定型，需要向长冲程、低冲次方向成熟发展	不能提供向下的压力，易出现长时间停井后抽油杆无法下落；活塞杆完全伸出时，水平方向的受力会引起整体构架的振动；半直驱，主机负载为管柱载荷的 2 倍，对活塞杆和液压缸强度和稳定性要求高；井口半密封，作业移机让位不方便	举升主机置于井下，不便于故障处理，作业相对复杂；现场试验井数较少，系统适应性及可靠性有待进一步评价；示功图图形和载荷精度偏低

1 集群式液压直驱抽油机

1.1 基本结构

双井液压直驱抽油机基本结构如图 1 所示，主要由两台液压主机（直驱抽油机）和一个液压站构成。其中液压主机主要由冲程控制器、液压油缸（图 2a）、井口法兰、活塞密封总成、活塞杆密封总成、活塞杆、回油管及传感器线等部件构成；液压站主要由蓄能系统（图 2b）、液压系统（图 2c）和电控系统构成[13]。

图1　双井液压直驱抽油机基本结构示意图

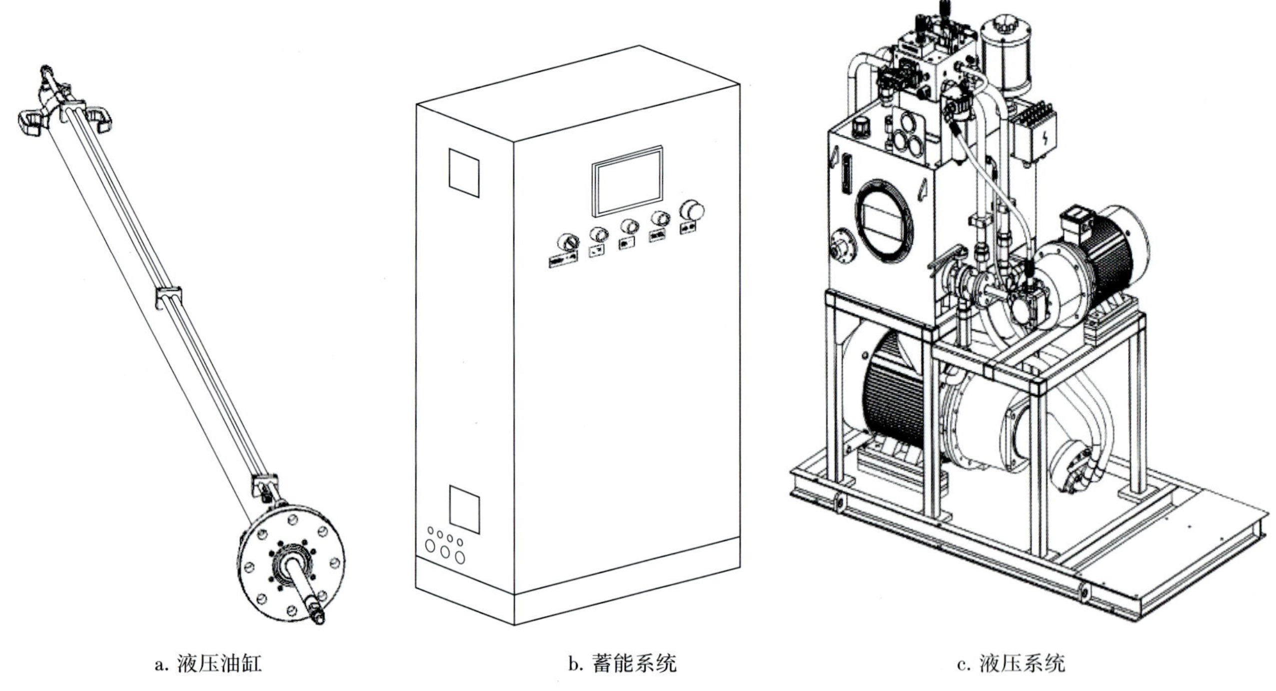

图2　液压直驱抽油机基本结构示意图

1.2 液压直驱抽油机工作原理

工作时，由液压站的液压泵向液压主机的液压油缸提供动力，使液压活塞做往复运动，通过抽油杆带动井下抽油泵实现液体举升，液压抽油机应用时不改变井下管柱组合。

单井液压直驱抽油机原理：采用智能液压系统控制液压油缸带动抽油杆举升，并储存下降的势能，为下一次举升提供初始动能，实现节能降耗。单井液压直驱抽油机如图3所示。

a. 模拟图

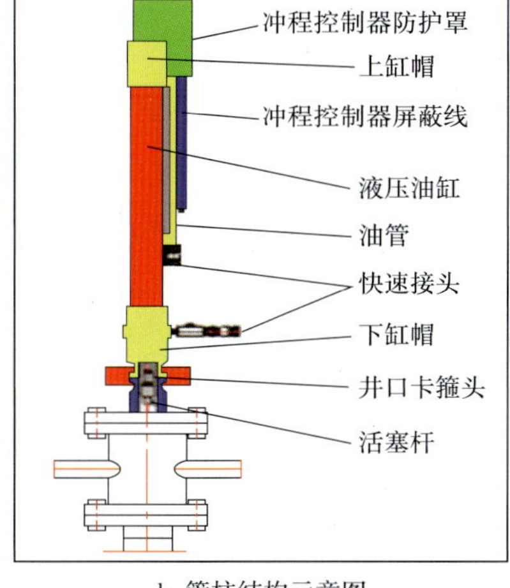

b. 管柱结构示意图

c. 实物图

图 3　单井液压直驱抽油机

双井液压抽油机原理：运用跷跷板原理，将一个下降缸杆释放的能量经双向连通传递给另一个上升的缸杆，降低能耗。以一拖二为例，A 井处于上冲程时，液压站的液压系统驱动液压油进入液压油缸，驱动液压活塞上升，活塞带动抽油杆柱和抽油泵上升，同时 B 井处于下冲程，柱塞下行，液压油缸内液压油回注到液压站的蓄能系统中，辅助 A 井举升，反之同理。

通过不断循环换向，两台液压直驱抽油机循环交替上行、下行，实现对举升抽油杆和泵内液体所做的无用功进行储能利用，回油压力得到充分利用，不仅控制了回油速度，而且减轻了换向冲击。

主机上升和下降的速度受采油井流量控制，获得节省能耗、稳流控速的双重功效。当单个采油井需要修井作业时，液压直驱抽油机单机工作，将换向出口接到单台主机上，通过单向节流截止阀即可实现单台主机进行采油[14]。双井液压直驱抽油机如图 4 所示。

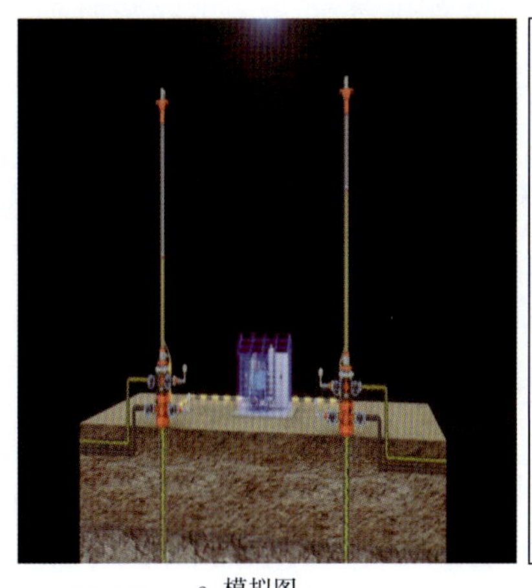
a. 模拟图

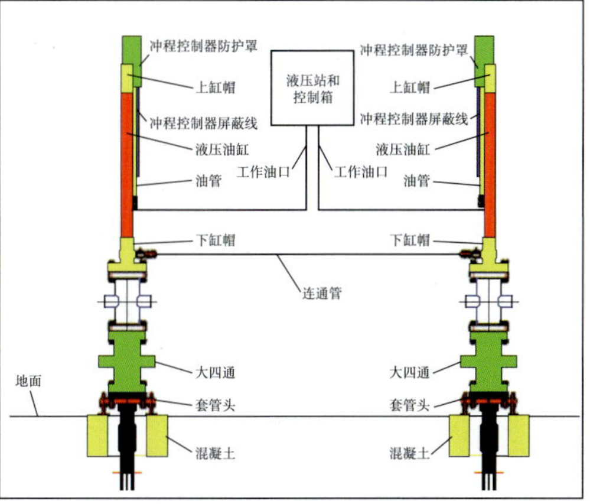

b. 管柱结构示意图

c. 实物图

图 4　双井液压直驱抽油机

1.3 技术特点

1.3.1 井口全密封

油缸法兰与井口法兰直接连接，采用自主研发的耐磨、耐腐蚀、耐高低温的新型密封材料形成复合密封技术，彻底阻断井口内的甲烷气体持续泄漏。

1.3.2 液压系统

液压系统有两种结构可供选择。

一是伺服电动机加双向液压马达组合结构。其结构简单，系统发热低，免维修周期长，噪声小。但是设备启动程序比较复杂，启动电流较大，电动机频繁换向，耗电较高，生产成本较高。

二是变频电动机加单向液压泵加换向阀组合结构。其结构较复杂，系统发热较大，换向阀需定期检修，换向时有一定的换向振动和噪声。启动程序简单，启动电流较小，电动机单向运转，耗电较低，生产成本较低。

1.3.3 液压油缸

一是缸筒内孔采用滚压加工工艺，滚压后，孔表面粗糙度为 0.4~0.8μm，孔表面硬度提高约30%，缸筒内表面疲劳强度提高 25%，油缸使用寿命提高 2~3 倍。滚压缸筒内表面形成微小的网状加工纹，可存储微量的液压油，有利于活塞的润滑。

二是活塞密封采用聚四氟乙烯、聚氨酯复合密封材料，密封件弹性及耐磨性好，使用寿命长。活塞为特殊结构，内部加工出油孔，为组合密封件加压，使密封件与缸筒紧密结合，实现长时间无泄漏运行。通过对密封系统的疲劳测试，无泄漏运行累计里程可达 4.5×10^4km。

三是杆端密封为双段密封结构，上段密封液压油，下段密封石油，两段密封结构中间设有空腔，使下端密封泄漏的微量石油通过空腔内的管路流入储油罐，确保石油不污染液压油。

四是活塞杆内设有磁致位移传感器，可实时精确测量活塞的位移，位移控制精度可达 0.5mm。

1.4 技术优势

集群式液压直驱抽油机具有井口安全密封、节能减排、智能化程度高、维护保养方便、自动无级调整工作制度、解决蜡卡垢卡、单双井切换、安装及施工作业简便、使用寿命长等技术优势[15]。

（1）井口安全密封。一是取消密封填料、光杆，油缸法兰直接连接井口，抽油杆居中垂直，无偏磨，节省征用地 60%以上；二是钢圈密封，无漏油漏气，杜绝失火、爆炸等风险；三是油缸可以适用任何井口，其法兰使用可拆卸式结构，只需更换法兰即可，维护方便，缩短工期。

（2）节能减排。一是配有蓄能器，可将抽油杆下降势能储存于蓄能器中，用于上升阶段做功，降低能耗，节电可达 10%以上；二是双井设备节能 50%以上，泵效提高 20%以上，采油作业实现智能化、高效化；三是从源头上阻止甲烷泄漏，减少排放，从而形成碳资产。

（3）智能化程度高。数字节能抽油机智能采油测控单元设有位移传感器、压力传感器，能够实现数据采集、监控及实时传输，并对采油井状态进行智能检测、控制，实现集节能、智能测控、物联网技术于一体的功能，节省人工 80%。

（4）维护保养方便。设备无外露运动部件，安全系数高，大幅减少维护保养点和维护工作量。

（5）自动无级调整工作制度。根据示功图充满度实现自动调整抽汲参数，并且可远程自动启停、智能间抽。

（6）解决蜡卡垢卡、非人工碰泵。双作用缸使抽油杆具有下压功能，预防并解决蜡卡，也可低速高压工作解决垢卡，同时也可高频微震碰泵。

（7）单井、双井切换。一是双井利用液压跷跷板原理，互相利用对方的下降势能为上升做功，大大降低了能耗，节电可达 50%；二是双井也可以通过电控程序，随时切换成单井，保证一井维修、另一井能够正常工作；三是可以实现相同冲次、不同冲程的双井配对运行。

（8）安装及施工作业简便。一是安装时创新连接方式，调整油缸安装位置与角度，使油缸与油管同心、同轴，基本消除偏磨影响；二是施工作业与常规作业机配套，拆卸操作规范标准，无需移机让位。

（9）使用寿命长。活塞杆使用耐磨、耐腐、弹性变形量小的合金材料制成，使用寿命可达 10a。

1.5 现场试验

截至 2024 年 1 月，该液压直驱抽油机累计应用 38 口井，在保持产液量不变的情况下，对比试验前后日耗电量，液压直驱抽油机平均节电率在 45%以上。

试验效果如表 2 所示：试验前 2 口井总产液量为 5.8t/d，试验后增加到 9.8t/d；2 口井总日耗电从 294kW · h 降低到 185kW · h，系统效率均明显提高，平均节电率为 62.93%。试验后 2 口井产液量提高幅度明显，一方面是井沉没度增加，泵充满度得到改善；另一方面是液压缸加热井口原油，有效改善了稠油流动性，增大了原油流量。截至 2024 年 1 月该设备已经安全运行 25 个月。

表 2　液压抽油机现场试验前后数据统计表

类　型	井　号	泵　径（mm）	冲　程（m）	冲　次（min^{-1}）	日产液量（t）	泵　效（%）	日耗电量（kW · h）	系统效率（%）	节电率（%）
试验前常规抽油机	A	38	2.9	1.7	2.0	24.28	118	8.17	62.93
	B	38	3.0	4.5	3.8	17.24	176	11.48	
试验后液压抽油机	A	38	2.8	2.7	3.5	28.36	85	20.23	
	B	38	2.8	2.7	6.3	51.05	100	31.83	

2 液压直驱抽油机问题及挑战

2.1 油缸密封性能差与使用寿命短

由于活塞杆密封总成承担液压油与采油井井液的隔离作用，长期运行后，活塞杆会粘连原油、砂、垢等杂质，可能会出现活塞杆及密封件磨损、下缸帽与活塞杆间的密封处漏油等现象，从而导致液压油与井液互相混合的问题。一旦密封失去可靠性，将对整套系统的运行造成影响。同时，原油会加速密封材料老化，使其快速失去弹性，密封效果变差，导致油缸泄漏，也会腐蚀油缸活塞杆，侧向力会造成缸杆偏磨，降低油缸使用寿命。

2.2 设备发热与振动大

由于采油井负载特点，液压抽油机在换向时压差较大，所以换向阀换向冲击大，换向时产生较大振动，长期如此会造成设备连接松动而导致漏油。同时换向阀及其他安全阀、控制阀内泄漏会造成内部高压溢流，使系统发热，普通风冷系统无法满足散热要求，而野外通常不具备水冷条件，制冷剂冷却成本过高。

2.3 液压系统稳定性差

精密液压元器件对液压油洁净度等级要求较高，抽油机是在野外作业，维护、保养不及时会污染液压油，从而造成液压阀泄漏及卡堵，影响设备整体稳定性[16]。

3 总结与展望

3.1 总　结

国内液压抽油机处于井口直驱和半直驱方式并存、井口全密封和半密封结构并存、井口直驱和井下直驱结构并存发展阶段，已开展小规模现场应用，发展方向是井口直驱、全密封。

（1）集群式液压直驱抽油机采用最短传动方案，坚持井口直驱方式，研究思路由井口半密封转向井口全密封，复合密封和智能控制技术具备现场规模应用条件。

（2）油田总体处于“后油藏，非常规”阶段，低渗、特低渗油藏及致密油和页岩油开发已成为油田增储上产最主要的战略接替资源，平台井、大斜度井、定向井、水平井逐年增多，集群式液压抽油机举升技术具有节能减排、绿色低碳、安全环保、智能化程度高、成本低、省人力、占地少的优点，技术优势显著，应用前景较好，适用于中小排量采油井集约化建产、工厂化作业、智能化管控。

3.2 展　望

伴随着全球能源危机和市场经济的驱动，液压式抽油机首要解决的问题依然是节能增效。为了满足油田实际发展需要，并结合计算机技术和机电液一体化技术，液压抽油机在举升技术方面的发展前景大致包含以下 4 个方向。

3.2.1 数智化方向

运用电气化控制对液压元件进行实时监测和维护。例如，对采油井运行参数、过载保护、远程控制等实时监控。

3.2.2 长冲程、低冲次方向

长冲程、低冲次的举升工艺使液压抽油机运行过程更加平稳，液压冲击小、设备磨损小，从而延长使用寿命，提高采油效率和降低操作成本。

3.2.3 节能降耗方向

当前能源日益减少，为降低能耗、提高经济效益和社会效益，油田必须开发和研究节能型液压抽油机。

3.2.4 新能源及可持续发展方向

首先随着新能源的开发和利用，新能源投入成本随之降低，为其日后的应用拓展奠定了基础。液压抽油机如果能与新能源相结合必然会带来更大的节能效果和环保效益。

其次液压抽油机向着井口直驱、全密封方向发展，从源头上阻止了甲烷及硫化氢等有害气体外漏[17]。

参考文献

[1] 王立杰. 独立平衡一站多井液压举升系统设计与试验[J]. 石油知识，2019（6）：46-47.

[2] 孙爱军，叶勤友，孙伟. 直连式液压抽油机的设计与应用［J］. 钻采工艺，2019，42（1）：71-73.

[3] 孙超. 集约化建井平台举升优化设计及配套技术［J］. 天然气与石油，2019，37（1）：56-62.

[4] 叶勤友，许建国，李兴科．“一机双井”直连式液压抽油机的设计［J］. 石油知识，2018（2）：46-48.

[5] 李建铁. 二次调节抽油机液压系统设计与研究［D］. 秦皇岛：燕山大学，2015.

[6] 孟志明，贺元成，康帅帅，等. 液压节能技术的现状与发展［J］. 机械工程师，2014（1）：114-117.

[7] 刘玉龙．抽油机井举升能耗影响因素统计分析［G］//大庆油田有限责任公司采油工程研究院．采油工程2023年第2辑．北京：石油工业出版社，2023：29-33.

[8] 朱立达．液压系统节能技术研究［J］. 机械工程师，2015（12）：70-71.

[9] Liang X, Virvalo T. An energy recovery system for a hydraulic crane [J]. Proceedings of the Institution of Mechanical Engineers, Part C: Joumnal of Mechanical Engineering Science 2001, 215: 737-744.

[10] Quanyi H , Hong Z , Shujun T , *et al*. Model Reduction of a Load-Sensing Hydraulic System via Activity Index Analysis [J]. Strojni ki vestnik - Journal of Mechanical Engineering, 2017, 63 (1): 65-77.

[11] 王国栋，张韬，周文迪．液压抽油机主要杆柱驱动方式研究［J］. 现代制造技术与装备，2023，59（12）：87-90.

[12] Chang L J, Lin S Z, Zheng H W. Hydraulic system research of the pumping unit based on electro-hydraulic proportional control technology [J]. Applied Mechanics Materials , 2013 , 373-375: 1340-1344.

[13] Zhao J Y, Sun B Y. Introduction of Load - sensing Hydraulic Technology [C]. 5th International Symposiumon Fluid Power Transmission and Control, China, 2007: 801-803.

[14] 葛利俊，胡勇，邓阳．双井液压抽油机结构及工作原理［J］. 设备管理与维修，2021（21）：170-171.

[15] 徐广天，李健．降低抽油机井杆柱载荷技术组合［G］//大庆油田有限责任公司采油工程研究院．采油工程文集2018年第2辑．北京：石油工业出版社，2018：61-64.

[16] Podio A L , Mccoy J N , Collier F . Analysis of Beam Pump System Efficiency from Real-Time Measurement of Motor Power [J]. SPE 26969, 1994.

[17] 姜继海，于庆涛，刘宇辉，等. 二次调节静液传动液压抽油机［J］. 机床与液压，2005（8）：59-61.

抽油机井数字化采集电参反演示功图技术应用效果评价

孔慧云[1]，侯志欣[2]，赵佳秋[2]，曹鼎洪[2]，寇洪彬[2]

（1. 大庆油田有限责任公司第四采油厂；2. 大庆油田有限责任公司第七采油厂）

摘　要：针对抽油机井数字化采集电参反演示功图技术，结合企标《油藏开发井生产资料录取技术规范（Q/SY 01157—2020）》及相关制度要求，制定了上下冲程电流、载荷、示功图等机采井的主要监测数据评判标准，通过现场验证方式，对实时连续采集设备的在线率和数据的连续性、稳定性、准确性进行跟踪评价，确定该技术可以满足油田生产管理需要，为推动油田数字化建设步伐、建成智慧油田提供基础数据支持。

关键词：抽油机井数字化；采集；电参；反演；示功图

大庆油田数字化历经了“外围试点先行、老区独立建设、油田统一布局”3个阶段，初步形成常规载荷传感器测试示功图技术和电参反演示功图技术2种模式，实现了抽油机井数据自动采集和工况自动分析等功能。2023年，针对常规载荷传感器测试示功图技术现场监测节点多、后续运营维护成本高的问题，在X厂葡萄花区块建立电参反演示功图技术示范区，跟踪评价494口井监测数据的设备在线率、数据连续性、数据稳定性和数据准确性，为降低油田机采数字化建设成本提供基础数据支持。

1 技术原理

抽油机井数字化采集电参反演示功图技术包括软件和硬件两部分。通过硬件采集抽油机井的实时连续电流、电压等数据（表1），依靠4G网络传输后，利用人工智能分析功能实现抽油机井示功图、动液面、产液量等13项主要生产数据和8项常用机采指标的远程监测与统计功能[1]。

1.1 硬件部分

抽油机井数字化采集电参反演示功图技术硬件部分由智能电参测控终端和接近开关组成[2]（图1）。智能电参测控终端安装在抽油机配电箱内，利用电流互感器进行连接，用于采集与传输电参数据；接近开关安装在抽油机减速箱上部，利用信号线与智能电参测控终端连接，用于抽油机运行周期的实时连续监测。

表1　抽油机井数字化采集电参反演示功图技术主要监测指标参数表

类别		检测内容	数量（项）
主要生产数据	现场采集	三相电流、三相电压、功率因数、有功功率、无功功率、视在功率、冲次	7
	后台折算	载荷、示功图、泵功图、动液面、沉没度、产液量	6
常用机采指标统计		流压、泵效、系统效率、电流平衡度、耗电量、开井率、生产时率、热洗周期	8

第一作者简介：孔慧云，1990年生，女，工程师，现主要从事建筑及结构设计工作。

邮箱：konghuiyun@ petrochina. com. cn。

智能电参测控终端采用 485/232 通信接口、4G/5G 无线通信方式，最高采集频率为 100Hz（10ms/次），适用电压等级 AC380V 和 AC660V，电流、电压采集精度为 0.1%，环境温度为 -40 ~ +70℃[3]。

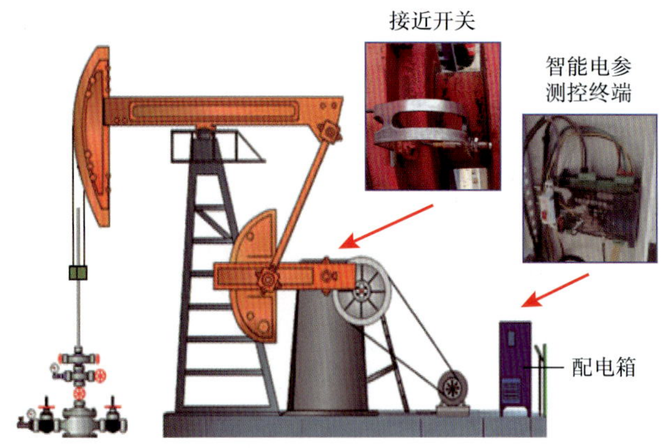

图 1　抽油机井数字化采集电参反演示功图技术示意图

1.2 软件部分

抽油机井数字化采集电参反演示功图技术的软件部分是以力学平衡方程[4]、有效冲程法[5]、人工智能分类算法及动力形态学[6]等为基础，对采油全过程进行力学分析，利用模糊算法进行精细拟合，通过固化在抽油机认知计算平台的理论模型进行计算、分析、迭代与拟合，最终达到电参反演示功图、折算动液面和产液量的目的。

电参反演示功图的过程[7]主要是通过简单算法求得复杂的抽油机动力系统的电参与载荷之间的关系，公式为：

$$F = P/v$$

式中　F——拉力，kN；

P——功率，kW；

v——速度，m/s。

公式中拉力与悬点载荷相等，功率与有功功率相等，速度与驴头位移速度相等。计算过程中，根据电参曲线振动波形找出抽油机动力失真区域进行数据切片，归一化的切片数据表征了电参与载荷的拓扑形态，再利用梯度下降的方式找到电参与载荷形态的一一对应方法，拉伸后把对应形状融合到一起，就得到一个完整的示功图（图 2）。

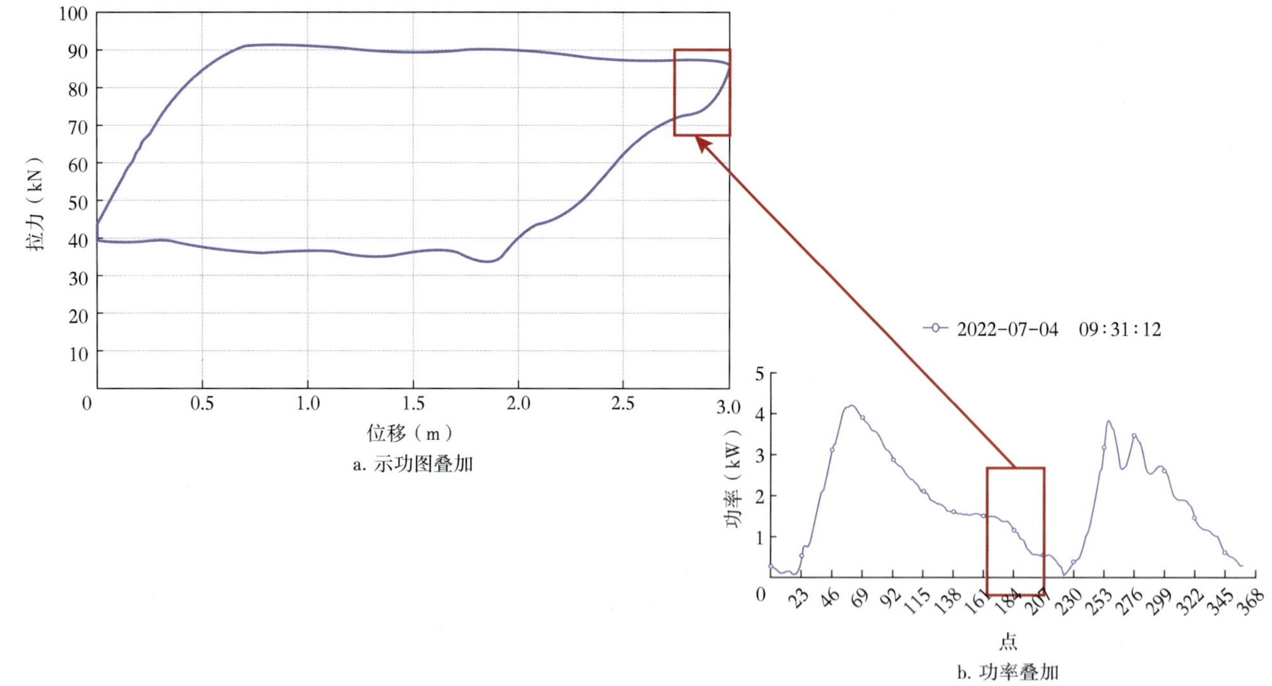

图 2　优化前电功率反演示功图

开发软件具有电参反演示功图的自学习功能，通过嵌入的标准工况类型可以形成 23 种示功图图形解释成果，包括正常、泵漏失、供液不足、气影响示功图等（图 3）。

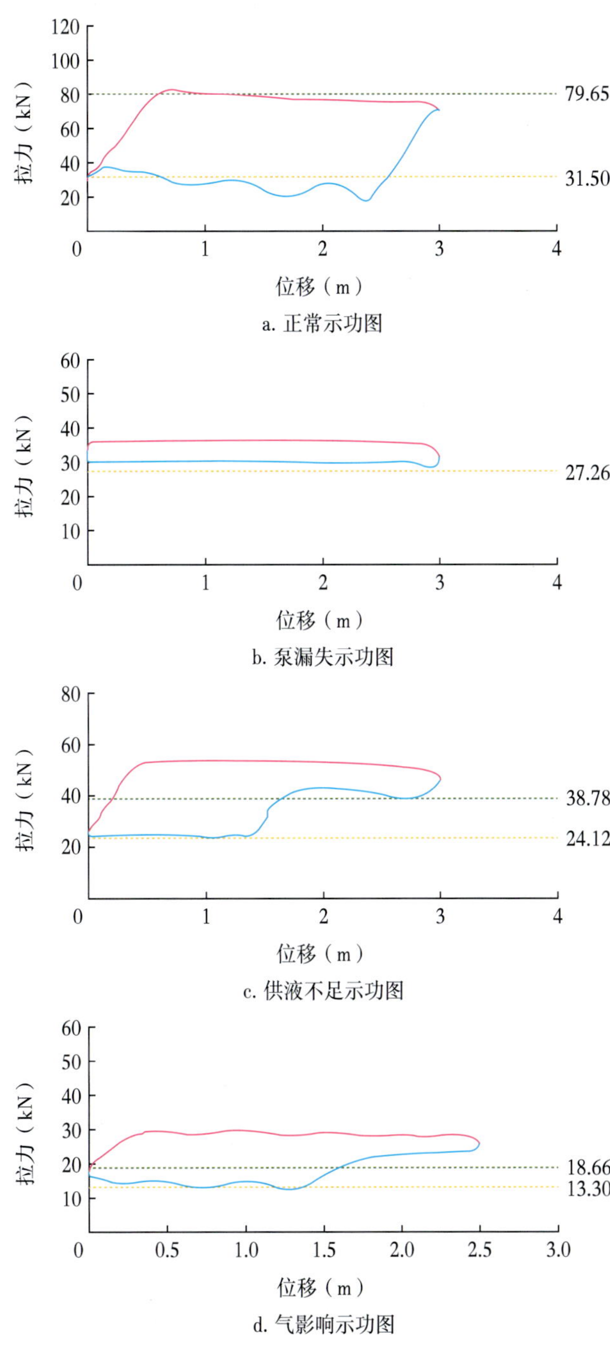

a. 正常示功图

b. 泵漏失示功图

c. 供液不足示功图

d. 气影响示功图

图 3　示功图示意图

2 效果评价

监测数据对比方面，参照企标《油藏开发井生产资料录取规范（Q/SY 01157—2020）》及相关制度要求，制定主要监测数据的评判标准（表 2），并采取“前线规模验证、后线随机抽验”的方式，按照不同产量级别和数据类型，分别从设备在线率、数据连续性、数据稳定性、数据准确性 4 方面进行对比，评价技术适应性。

表 2　抽油机井数字化采集电参反演示功图技术主要监测数据评判标准表

类 别	对比方法及评判标准
上下冲程电流	现场上下冲程电流值电参测试结果与标准钳形电流表测试结果进行对比：（1）电流不大于 20A，误差不大于±15%；（2）电流 20～50A，误差不大于±10%；（3）电流大于 50A，误差不大于±5A
冲次	采用人工测试方式测试 60s，电参测试结果与现场人工测试结果进行对比，冲次波动在±0.5 次/min 以内
载荷	在同一时间内，利用抽油机井综合测试仪进行载荷的采集与电参计算结果对比，误差小于 10%
动液面	同时段手持动液面测试值与电参计算的数值进行对比：日产液量不大于 5t 的井，动液面波动不超过±50m；日产液量大于 5t 的井，动液面波动不超过±100m
示功图	在同一时间内，利用常规应用的便携式载荷位移传感器进行示功图的采集，将采集到的示功图数据与电参同一时间采集数据后转换的示功图数据进行对比，检验图形是否一致
产液量	利用罐车量油对单井进行产液量核实，与电参同时段计算的产液量平均值进行对比：日产液量 Q 不大于 1t，波动不超过±50%；1t<Q≤5t，波动不超过±30%；5t<Q≤50t，波动不超过±20%；50t<Q≤100t，波动不超过±10%；Q>100t，波动不超过±5%

2.1 设备在线率

2023 年 3—7 月，跟踪对比智能电参测控终端设备安装井数与在线井数情况，智能电参测控终端设备月平均在线率为 95.4%（表 3），基本能够满足抽油机井生产管理需求。

表 3　抽油机井数字化采集电参测控终端设备在线率情况统计表

日　期	月累计在线时间设备（10^4h）	设备在线率（%）
2023 年 3 月	33.14	95.1
2023 年 4 月	33.21	95.3
2023 年 5 月	33.31	95.6
2023 年 6 月	33.18	95.2
2023 年 7 月	34.04	95.7
合计	166.88	
平均	33.38	95.4

2.2 数据连续性

跟踪113口井连续7d的数据情况，按照每30min采集1次并有效回传的标准进行统计，扣除停电、网络故障、传感器异常缺失3项因素，智能电参测控终端设备检测数据的连续性为98.1%。

2.3 数据稳定性

以临近2个时间节点数据波动比例不超过±10%为标准，对比冲次、上下冲程电流、载荷、动液面、有功功率、三相电流等12项共计1.07亿条监测数据。其中，稳定数据为0.96亿条，抽油机井数字化采集电参反演示功图技术监测数据稳定性为90.10%（表4）。

表4　抽油机井数字化采集电参反演示功图技术监测数据稳定性统计表

序号	类别	数据（10^4条）	稳定数据（10^4条）	稳定性（%）
1	冲次	892.34	849.44	95.19
2	上冲程电流	892.34	830.58	93.08
3	下冲程电流	892.34	830.58	93.08
4	上载荷	892.34	809.36	90.70
5	下载荷	892.34	814.54	91.28
6	动液面	892.34	761.17	85.30
7	产液量	892.34	653.20	73.20
8	有功功率	892.34	814.71	91.30
9	无功功率	892.34	807.57	90.50
10	功率因数	892.34	806.68	90.40
11	三相电流	892.34	837.02	93.80
12	三相电压	892.34	833.45	93.40
合计		10708.08	9648.30	
平均		892.34	804.03	90.10

2.4 数据准确性

采用LK500-G手持式测试仪器、钳形电流表、罐车量油、示功图量油仪等计量方式，按照0~1t、1~3t等10种产液量级别进行监测数据准确性评价。

2.4.1 示功图准确性

应用示功图测试仪与抽油机井数字化采集电参反演示功图技术进行对比1525井次，测试准确率为80.3%（表5）。从产量级别看，日产液量小于5t的井，测试准确率均低于72%；从示功图图形看，正常情况下的示功图测试准确率较高，测试准确率在71.4%~91.8%之间。

表5　10种产液量级别示功图工况准确性对比表

产液量（t/d）	测试准确率（%）				合计（%）
	正常情况	气影响	供液不足	泵漏失	
0~1	80.0	66.7	33.3		67.9
1~3	71.4	50.0	90.9	50.0	71.4
3~5	73.3	100.0	90.9	33.3	66.2
5~7	86.8	66.7	50.0	100.0	81.0
7~10	90.9	72.7	70.0	75.9	83.4
10~15	91.5	56.3	33.3	41.7	81.8
15~20	87.7	50.0		72.7	76.2
20~30	90.0	37.5	22.2	65.0	79.7
30~40	88.6	55.6		36.8	80.1
≥40	91.8			47.4	85.2
合计	89.0	57.1	43.7	56.9	80.3

2.4.2 载荷准确性

应用示功图测试仪与抽油机井数字化采集电参反演示功图技术对比1525井次，载荷测试准确率为81.1%（表6）。从产量级别看，日产液量小于1t的井，载荷测试准确率为75%；日产液量大于1t的井，载荷测试准确率均高于75%。

表6　10种产液量级别载荷准确性对比表

产液量（t/d）	对比井次	准确井次	测试准确率（%）
0~1	28	21	75.0
1~3	35	30	85.7
3~5	65	55	84.6
5~7	63	52	82.5
7~10	157	126	80.3
10~15	220	177	80.5
15~20	164	124	75.6
20~30	237	189	79.7
30~40	246	185	75.2
≥40	310	278	89.7
合计	1525	1237	81.1

2.4.3 动液面准确性

采用液面测试仪与抽油机井数字化采集电参反演示功图技术进行对比1525井次，测试准确率为78.5%（表7）。从产量级别看，日产液量小于5t的井，动液面测试准确率均低于70%；日产液量大于5t的井，动液面测试准确率均高于77%。

表 7　10 种产液量级别动液面准确性对比表

产液量（t/d）	对比井次	准确井次	测试准确率（%）
0~1	28	19	67.9
1~3	35	22	62.9
3~5	65	45	69.2
5~7	63	49	77.8
7~10	157	125	79.6
10~15	220	171	77.7
15~20	164	131	79.9
20~30	237	191	80.6
30~40	246	195	79.3
≥40	310	249	80.3
合计	1525	1197	78.5

2.4.4 产液量准确性

采用罐车量油+模拟回压装置与抽油机井数字化采集电参反演示功图技术进行对比，现场验证 35 口正常生产井，产液量测量准确的有 29 口，测试准确率为 82.9%。其中，日产液量小于 5t 的井，测试准确率低于 67%；日产液量大于 5t 的井，测试准确率高于 75%，相对较好。

表 8　抽油机井数字化采集电参反演示功图技术与罐车量油对比表

产液量（t/d）	对比井数（口）	准确井数（口）	测试准确率（%）
0~1	3	1	33.3
1~3	3	2	66.7
3~5	3	2	66.7
5~7	3	3	100.0
7~10	4	3	75.0
10~15	4	4	100.0
15~20	4	4	100.0
20~30	4	4	100.0
30~40	4	3	75.0
≥40	3	3	100.0
合计	35	29	82.9

2.4.5 上下冲程电流准确性

采用钳形电流表与抽油机井数字化采集电参反演示功图技术进行对比，上下冲程电流测试准确率为 92.33%。

2.4.6 冲次准确性

采取人工计数的方式与抽油机井数字化采集电参反演示功图技术进行对比，冲次测试准确率为 92.1%。

3 结　论

（1）抽油机井数字化采集电参反演示功图技术在算法上针对日产液量小于 5t 的井反演示功图，折算载荷、动液面等数据的准确性相对较差，还需要进一步完善基础理论算法来提高技术精度，为低产油田的规模化应用提供有效的技术手段。

（2）抽油机井数字化采集电参反演示功图技术基本可以满足油田生产管理需要，但设备在线率和数据的连续性、稳定性、准确性还需结合大量现场跟踪评价结果，持续完善其软硬件功能，或是通过增加不同产量级别的修正系数来进一步提高技术适应性。

（3）结合油田生产情况，依托抽油机井数字化采集电参反演示功图技术带来的便利条件，可以搭建配套网络管理平台，逐步实现指标管理、生产预警、措施制定、参数优化、效果对比等机采井的全过程信息化管理，有效减少岗位用工，提高办公效率。

参考文献

[1] 卢成国，王秋实．大庆外围低产低渗油田抽油机井电参法推演示功图现场试验［J］．石油石化节能，2021，11（6）：33-37.

[2] 孙东．抽油机电参数远程智能故障诊断技术研究［J］．自动化仪表，2012，33（5）：22-24.

[3] 杨志山．基于电参数的工况诊断技术在 A 油田的应用［J］．石油石化节能与计量，2022，12（10）：33-37.

[4] 贺清松．抽油机井电参转示功图技术应用分析［J］．石油石化节能，2021，11（9）：16-18.

[5] 王卫江，史玥婷，刘箭言，等．基于神经网络的电参数反演载荷算法［J］．北京理工大学学报，2015，35（7）：706-710.

[6] 梁毅，甘庆明，赵春，等．基于电参数转示功图技术系统设计及应用［J］．长江信息通信，2021，34（4）：94-97.

[7] 徐广天，徐天竺，谷瑀．基于电参示功图技术的抽油机井智能优化运行［J］．石油石化节能，2022，11（12）：12-15.

柔性金属防垢泵的应用与优化

张 菁

（大庆油田有限责任公司第四采油厂）

摘 要： X 区块现有处于结垢高峰期的频繁垢卡井 146 口，年累计卡泵 254 井次，平均检泵周期仅为 194d。与水驱抽油机井平均检泵周期 1055d 相比，三元复合驱采出井不仅大大增加了采出成本，还严重影响到原油产量。针对三元复合驱因垢卡导致检泵周期较短、作业指标差的问题，开展了柔性金属防垢泵的研究。通过采用优化皮碗材质、进一步缩小初始间隙量及改进柱塞上的刮垢环的方法提升防垢卡能力，取得了采出井作业指标更优、检泵周期更长的效果。优化后平均泵效上升了 7.8%，目前施工井的免修期达到 315d。

关键词： 三元复合驱；柔性；垢卡；防垢卡；检泵周期

在三元复合驱开发过程中，采出液黏度逐渐增加，采出井在下行过程中的阻力增大，交变载荷增加，使系统能耗也逐渐增加[1]。含碱的三元液注入后，会与井下的液体发生化学反应，使采出井严重结垢，降低了原油产量，影响经济效益[2]。

在长柱塞防垢泵运行过程中，柱塞始终与泵筒摩擦，从而避免了因非配合面原因形成的结垢问题。东北石油大学的梁宏宝等[3] 2012 年研制三元复合驱采出井用防垢抽油泵，其上扶正接头采用储污槽设计，便于污垢排放。国外曾在 1992—1994 年开展无缸杆式泵的研制工作，这种泵是借助设置在固定壳体上的机械密封使光滑柱塞密封。由于没有泵缸，制造和修理成本比普通防垢泵低得多，修理成本仅占新泵成本的 30%～40%，比较适合用在三元复合驱区块。为延长检泵周期，近年来在结垢严重的采出井上试验并且应用了多种防垢防卡的抽油泵，检泵周期虽然得到了一定程度的延长，但存在冲程有限制、柱塞易漏失、泵效低等缺点，无法大面积推广应用[4]。

为进一步延长强碱三元复合驱采出井检泵周期，保证区块高效开发，开展了柔性金属防垢泵的研究与优化。

1 柔性金属防垢泵

1.1 结 构

柔性金属防垢泵由金属环、铜合金环、皮碗、支撑环、上部及下部阀球罩、阀球等部件组成(图 1)。

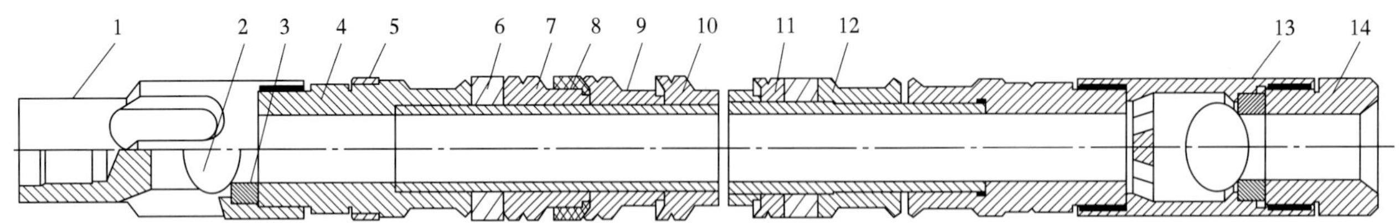

图 1 柔性金属防垢泵结构示意图

1—上部阀球罩；2—阀球；3—球座；4—泵端接头；5—金属环；6—铜合金环；7—上部支撑环；8—皮碗；9—中部支撑环；10—芯轴；11—下部支撑环；12—锁紧螺母；13—下部阀球罩；14—下部接头

作者简介： 张菁，1990 年生，女，工程师，现主要从事三元复合驱防除垢研究工作。

邮箱：zhangjingdqyt@ petrochina. com. cn。

柔性金属防垢泵工作原理与常规抽油泵相同，其泵柱塞可以与常规抽油机的井下泵配套使用。柔性金属防垢泵的柱塞是由多级支撑环串联而成，密封环放置在支撑环外，通过两端拧紧力调整密封环的过盈。

1.2 防垢卡工作原理

柔性金属防垢泵是靠膨胀作用实现密封。在上冲程时，皮碗膨胀密封，使井下的液体随之上升；下冲程时，皮碗的形状恢复，减小了柱塞与泵筒之间的间隙，从而减小了下行所承受的阻力，提高了泵的防垢卡能力[5]。其次，柔性金属防垢泵中的柱塞应用了多级皮碗用于加强密封，如果长时间使用该柔性金属防垢泵采油，柱塞上的某一级皮碗与金属泵筒之间的磨损会增加泵的漏失，但其他皮碗仍可以密封和隔压。此外，密封时每一级皮碗所承受的负荷小于整体式软密封时柱塞所承受的负荷，从而提高泵的充满程度，延长泵的使用寿命。

在柱塞的表面应用涂层来防止结垢，可以进一步提高该柔性金属防垢泵延缓结垢、垢卡的能力。在柔性金属防垢泵运行时，通常情况下磨损的只是用来密封的皮碗，而不是泵筒的金属层，因此在检泵作业时，只需更换带有皮碗的泵内柱塞，无需起出泵筒即可完成作业，节省了人工时间及材料成本。

2 现场应用

X 区块现有处于结垢高峰期的频繁垢卡井 146 口，年累计卡泵 254 井次，平均检泵周期为 194d。2022 年，在 X 区块共应用柔性金属防垢泵 45 口井。试验前，平均泵效为 54.7%，垢卡检泵周期为 88d；试验后，平均泵效为 58.9%。期间小修作业 25 井次，检泵 15 井次，检泵率为 33.3%。垢卡 18 口井，其中 10 口井解卡成功，采取机械+化学解卡后全部恢复正常生产。另外 8 口井由于垢卡检泵作业，检泵周期为 130d；7 口井由于皮碗漏失检泵，检泵周期为 151d（表 1）。

表 1　优化前柔性金属防垢泵检泵作业情况统计表

井号	检泵原因	试验前				试验后			
		产液量（t/d）	泵效（%）	沉没度（m）	检泵周期（d）	产液量（t/d）	泵效（%）	沉没度（m）	检泵周期（d）
井 1	垢卡	67.9	73.4	381.8	21	65.8	71.0	396.2	113
井 2		76.9	46.5	479.9	81	66.5	40.2	603.4	120
井 3		39.4	64.9	300.8	27	33.3	72.4	470.5	52
井 4		48.0	60.0	8.1	30	47.8	58.7	5.4	57
井 5		80.2	58.5	205.1	41	89.9	65.5	157.6	53
井 6		66.8	44.7	389.7	74	36.4	66.4	558.2	303
井 7		57.0	34.3	348.9	73	55.9	33.9	32.3	232
井 8		31.1	42.5	58.9	276	37.3	57.6	184.8	113
小计平均		58.4	53.1	271.7	78	54.1	58.2	301.1	130
井 9	皮碗漏失	71.7	77.2	465.2	29	73.6	79.2	530.9	145
井 10		38.4	70.5	239.8	53	41.1	75.4	117.6	130
井 11		48.1	66.1	360.9	51	62.8	86.2	360.9	52
井 12		30.3	32.9	134.7	48	35.9	38.8	284.6	55
井 13		39.4	64.9	300.8	88	31.0	70.8	496.2	339
井 14		74.3	67.7	519.4	99	50.8	70.1	667.9	210
井 15		55.0	67.1	751.3	95	67.9	82.3	278.3	127
小计平均		51.0	63.8	396.0	66.1	51.9	71.8	390.9	151
平均		55.0	58.1	329.7	72.4	53.1	64.6	343.0	140

3 柔性金属防垢泵优化

3.1 皮碗材质优化

井下泵柱塞的密封主要有两个类别，一种是硬密封，另一种是软密封[6]。硬密封时，主要靠泵筒与金属柱塞的加工间隙实现密封，优点是耐磨程度较高、摩擦系数较小；软密封时，密封材料元件安装在柱塞上，通过皮碗和胶圈实现密封。在抽油机上、下冲程运行时，用来密封的皮碗和胶圈会由于压力的作用而变形，而长时间抽汲造成的磨损会加大泵内间隙，软密封可以很好地适应这个间隙的变化，但是会造成耐磨度下降及静摩擦系数上升[7]。

该柔性金属防垢泵柱塞是通过皮碗来实现密封的。皮碗通常是用尼龙材料制成，也有用高强度耐油橡胶来制作的[8]。为了延长皮碗的使用寿命，对原柔性金属防垢泵所使用的普通尼龙皮碗进行改性[9]。表 2 为尼龙皮碗改性前后的基本物性对比，由对比发现，在原基体（PA66）中添加了含氟聚硅氧烷和二硫化钼后，模塑收缩率、拉伸强度、屈服强度和泰伯磨损量有效下降，断裂伸长率及弯曲模量大幅提升，有效提高了其承载能力和耐磨性，同时尺寸稳定性也得到了提高[10]。

表 2　尼龙皮碗改性前后基本物性对比表

性能项目	测试方法	PA66	优化后
密度（23℃）（g/cm³）	ASTM D792：2020	1. 14	1. 16
模塑收缩率（%）	ISO 294-4：2018	1. 4	1. 2
拉伸强度（MPa）	ASTM D638：2022	77	75
屈服强度（MPa）	ASTM D638：2022	75	70
断裂伸长率（%）	ASTM D638：2022	300	300
弯曲模量（MPa）	GSO ASTM D790：2016	1207	1282
泰伯磨损量（mg/1000 次）	ASTM D1044：2019	7	3
静摩擦系数（上钢）	GB/T 10006—2021	0. 37	0. 15

3.2 皮碗初始间隙量优化

针对改性尼龙材质的皮碗，通过设定不同出口压力和入口压力来实现泄漏量的优化，即抽油泵出口压力分别为 6MPa、4MPa、2MPa，对应的入口压力分别为 4MPa、2MPa、0。采用双向流固耦合方法对密封皮碗井下运行及受压变形进行仿真模拟，计算初始间隙在 0. 40~0. 60mm 情况下的泄漏量及变形量的分级数值。通过表 3 可知，随着初始间隙逐渐减小，皮碗的三级泄漏量会逐渐降低，变形量会逐渐增加。根据表内数据优化皮碗初始间隙，优化后初始间隙从 0. 050mm 调整为 0. 045mm。

表 3　柔性金属防垢泵泄漏量、变形量与皮碗初始间隙关系表

初始间隙	泄漏量（kg/s）			变形量（mm）		
（mm）	第一级	第二级	第三级	第一级	第二级	第三级
0. 060	0. 01430	0. 01395	0. 01358	0. 0820	0. 0871	0. 0923
0. 055	0. 01087	0. 01055	0. 01022	0. 0824	0. 0876	0. 0926
0. 050	0. 00802	0. 00776	0. 00750	0. 0828	0. 0879	0. 0930
0. 045	0. 00571	0. 00550	0. 00540	0. 0830	0. 0882	0. 0933
0. 040	0. 00398	0. 00381	0. 00365	0. 0832	0. 0883	0. 0935

3.3 柱塞刮垢环优化

将原有的白钢合金材质刮垢环更改为黄铜自润滑合金材质，降低刮垢环硬度及刚性，刮垢环与泵筒之间从硬摩擦变为软摩擦，避免刮垢环破碎。同时由于黄铜自润滑合金的自润滑性质，有效降低了刮垢环与泵筒之间的摩擦力（图 2）。

a. 优化前

b. 优化后

图 2　刮垢环优化前后对比图

4 现场应用

2023 年 2 月以来，在 X 区块共下入 12 口优化后的柔性金属防垢泵，检泵作业 3 口井，检泵率为 25%。其中垢卡井 2 口，漏失井 1 口，其余井免修期为 315d，取得较好使用效果（表 4）。

表 4　优化后柔性金属防垢泵应用情况表

井 号	应用前		应用后		检泵周期（d）	免修期（d）	检泵原因
	产液量（t/d）	泵效（%）	产液量（t/d）	泵效（%）			
井 16	48.2	66.1	62.8	86.2	52		漏失
井 17	48.0	60.2	45.6	56.9	57		垢卡
井 18	57.8	62.0	72.5	76.3	65		垢卡
井 19	48.8	63.9	44.1	66.9		338	
井 20	44.3	57.8	45.9	59.9		325	
井 21	28.7	46.4	34.2	55.1		308	
井 22	63.2	96.9	75.3	76.5		306	
井 23	48.8	59.2	49.9	60.5		287	
井 24	21.8	66.7	23.1	70.6		332	
井 25	27.0	39.4	61.9	90.3		320	
井 26	19.1	66.1	32.7	67.4		321	
井 27	43.6	46.7	55.5	59.3		302	

应用优化后柔性金属防垢泵后，多数井泵效得到提升，12 口井应用前后对比泵效上升 7.8%。从目前施工井的免修期分析，柔性金属防垢泵的耐磨性能较优化前有一定提升。

5 结　论

（1）由于柔性金属防垢泵采用液力胀形原理密封，采出井在运行过程中，下冲程时因泵上部与下部压力一致，皮碗的形状得以恢复，这时柔性金属防垢泵的柱塞与泵的间隙逐渐变小，使下行阻力有效下降，大幅减少了三元复合驱采出井卡泵现象的发生。

（2）通过对皮碗材质、皮碗初始间隙量及柱塞刮垢环三方面的优化，可有效提升柔性金属防垢泵的泵效及其耐磨性能。

（3）针对现阶段发现的卡泵及漏失问题，下一步需对柔性金属防垢泵的柱塞进行以下改进：一是针对垢卡积垢问题，对上、下阀罩表面增加洗井通道，在上阀罩底部开孔，保持内外连通；二是针对刮垢环破碎导致的泵漏失问题，应进一步优化刮垢环材质及结构，避免刮垢环破损。

参考文献

[1] 徐国民，蒋玉梅．强碱三元复合驱化学防垢技术研究［J］．油气田地面工程，2008，27（10）：23-24．

[2] 任成锋，祝英俊．多级软柱塞抽油泵的研制与应用［G］//大庆油田有限责任公司采油工程研究院．采油工程 2020 年第 4 辑．北京：石油工业出版社，2020：59-61．

[3] 梁宏宝，陈颖，任志平，等．三元复合驱油井用防垢抽油泵：中国 CN102619734A［P］．2012-08-01．

[4] 蒋玉梅，胡胜杰，李连霞，等．强碱三元复合驱采出井近井地带结垢特征研究［G］//大庆油田有限责任公司采油工程研究院．采油工程 2012 年第 4 辑．北京：石油工业出版社，2012：4-7．

[5] 任成锋，祝英俊．多级软柱塞抽油泵在三元复合驱中的应用［J］．化学工程与装备，2021（4）：135-136．

[6] 赵阳波，王玲．软柱塞密封泵的研制与应用［J］．中国新技术新产品，2011（18）：167-168．

[7] 刘秩良，张怀中，姚亮红．尼龙 6/尼龙 66 合金的性能研究［J］．现代塑料加工应用，2002，14（1）：1-4．

[8] 宋阳．一种适用于三元复合驱抽油机井防垢卡抽油泵的研制［G］//大庆油田有限责任公司采油工程研究院．采油工程 2023 年第 3 辑．北京：石油工业出版社，2023：7-12．

[9] 盛曾顺，李文华．整筒式抽油泵柱塞的选配［J］．石油机械，1995，23（5）：36-40．

[10] 马金彪，卢要鹏，张志强．尼龙 66 改性方法［J］．广东化工，2011，38（10）：78-79．

合川气田茅口组碳酸盐岩深度酸化压裂技术探索

卢澍韬[1,2]，马文海[1,2]，齐向生[1,2]，张　永[1,2]，杨春城[1,2]

（1. 大庆油田有限责任公司采油工艺研究院；2. 黑龙江省油气藏增产增注重点实验室）

摘　要：为解决合川气田茅口组碳酸盐岩储层改造难题，探索深度酸化压裂技术，利用合川区块茅口组碳酸盐岩岩样，开展了基于 CT 扫描和三维重构技术的全直径真三轴酸化压裂物模实验，并基于质量守恒原理建立了酸液流动数学模型，利用 Stimplan 软件对酸化压裂工艺参数进行优化设计。研究表明，酸化压裂形成的复杂裂缝网络受储层缝洞发育控制，能沟通更多缝洞体，实现最大改造体积。但需要采用大排量、大规模、多级交替的注入方式进行改造。综合以往施工认识，制定了针对性较强的酸化压裂改造措施，在 T8 井现场试验胶凝酸与酸性压裂液 3 级交替注入，加入胶凝酸 650m^3、压裂液 330m^3，压裂后试气产量为 208.7×$10^4m^3/d$。该井施工获得成功，为今后同类型储层酸化压裂施工提供了借鉴。

关键词：碳酸盐岩；深度酸化压裂；裂缝形态；多级交替；参数优化

国外碳酸盐岩储层一般埋深较浅、物性较好，通常采用基质酸化或常规酸化压裂工艺就能达到较好的储层改造效果[1-3]。但我国碳酸盐岩储层具有埋藏深、类型复杂、物性差等特点，常规酸化压裂工艺酸液有效作用受距离限制，改造体积小[4-5]，已无法满足增产改造需要。

四川盆地合川气田茅口组茅二段碳酸盐岩储层为白云岩与石灰岩互层发育，其中发育一套优质薄层白云岩[6]，厚度在 7~15m 之间，平面上不同区域白云岩厚度差异大，且储层高温、非均质性强、基质孔隙度和渗透率较低、孔洞连通性差，导致酸蚀裂缝长度延伸及酸蚀裂缝导流能力提高均受到很大的限制[7-8]。为有效提高该类储层的酸化压裂改造效果，针对合川气田茅口组碳酸盐岩储层改造难点，选取茅口组碳酸盐岩岩样，开展全直径真三轴酸化压裂物模实验，建立酸液流动数学模型，优选适合改造工艺参数，探索出合川气田茅口组碳酸盐岩储层的深度酸化压裂技术。

1 储层特征与改造难点

1.1 储层特征

合川气田处于川中平缓构造带东南部，茅口组现今表现为由东南向北西倾伏的单斜构造，东北部古构造高部位滩体更发育。储层整体厚度较为稳定，在 180~220m 之间。岩性主要为白云岩、含云灰岩、灰质白云岩，普遍见残余生屑结构与颗粒幻影结构，局部见砂屑结构。物性表现为低孔、低渗特征，孔隙度主要分布在 2%~6%之间，平均为 4.3%；渗透率主要分布在 1~10mD 之间，平均为 4.7mD，局部发育中孔—高孔层段。储集空间种类多，优质储层段储集空间为白云岩晶间孔、溶蚀孔洞及微裂缝，储层类型为裂缝-孔隙（洞）型。地层温度为 121~131.2℃，地层压力为 75.4~77.7MPa，天然气平均相对密度为 0.61，H_2S 含量为 3.53%，CO_2 含量为 2.48%，属于高温、高压、含硫、含 CO_2 的气藏。

第一作者简介：卢澍韬，1989 年生，男，工程师，现主要从事深层气井压裂增产改造等相关研究工作。
邮箱：380629038@qq.com。

1.2 酸化压裂难点

（1）取心及成像测井等资料显示，茅口组碳酸盐岩储层基质物性差、非均质性强，纵向发育一套优质缝洞型白云岩储层，酸化压裂扩展机理等缺乏认识，难以实现白云岩储层针对性改造。

（2）储层温度较高，酸岩反应速度快，且近井地带污染严重，很难最大限度扩大酸蚀体积。

2 深度酸化压裂技术

2.1 酸蚀裂缝形态分析

为了明确碳酸盐岩储层酸化压裂后酸蚀裂缝形态，开展了全直径真三轴酸化压裂物模实验。采集合川气田茅二段 4 块全直径岩心，通过 CT 扫描观察岩样缝洞发育情况，其中岩样 A1、B6 缝洞较为发育，岩样 A2、A3 缝洞发育一般（图 1）。

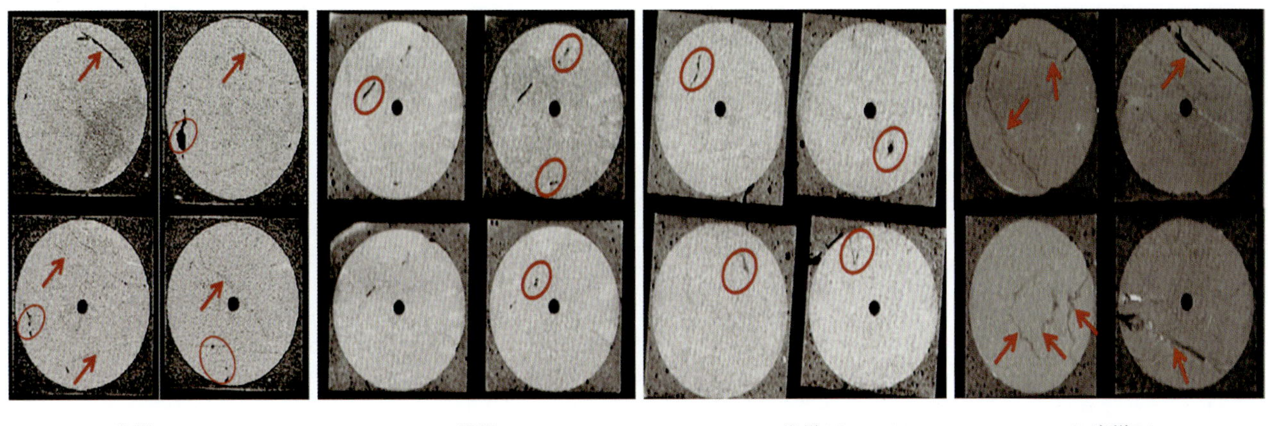

a. 岩样A1　　b. 岩样A2　　c. 岩样A3　　d. 岩样B6

图 1　全直径岩样压裂前 CT 扫描图

采用水泥砂浆包裹全直径岩样的方式，将岩样加工成 100mm 的立方体。然后，在全直径岩样轴向方向的中部钻出沉孔，并用特殊化学胶将直径 10mm 的钢质套管固定到沉孔中，作为模拟井筒形成的裸眼段。制备过程及岩样钻孔如图 2 所示。

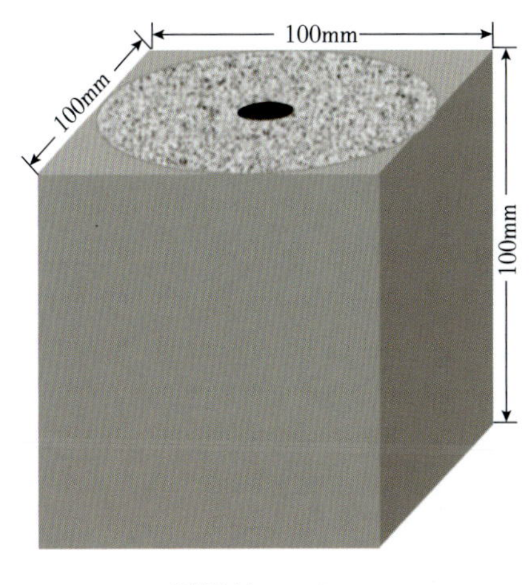

a. 岩样制备

b. 全直径岩心外包水泥

c. 岩样钻孔

图 2　物模实验岩样制备过程图

合川区块茅二段地应力大小测试的最小水平主应力为 102.2～106.9MPa，最大水平主应力为 117.6～121.4MPa，上覆岩层压力为 113.6～121MPa，水平应力差为 15.4～21.2MPa。开展不同酸化压裂工艺参数条件下的酸化压裂裂缝扩展形态的研究，实验设定的模拟参数如表 1 所示。

表 1　全直径物模实验参数表

岩样编号	液体类型	注入量（mL）	注入配比	交替级数
A1	压裂液+胶凝酸	400	1∶1	2
A2	压裂液+胶凝酸	200	1∶2	1
A3	压裂液+胶凝酸	200	1∶1	1
B6	胶凝酸	200		

注：最小水平主应力为 20MPa；最大水平主应力为 35MPa；上覆岩层压力为 30MPa；注入排量为 8mL/min。

实验结束后，对岩样进行 CT 扫描和三维重构，观察形成的酸蚀裂缝形态，并根据软件计算酸蚀改造面积和裂缝非均匀刻蚀程度，综合确定改造效果，实验情况如图 3 所示。从中可以看出，岩样 A1、B6 压裂后沟通天然裂缝及孔洞体形成复杂裂缝网络；岩样 A2、A3 人工裂缝沿最大主应力方向延伸，裂缝扩展受孔洞体影响，均形成不同程度的曲折，并伴随次生裂缝产生。由此证明，能否形成复杂裂缝网络受储层缝洞发育控制。

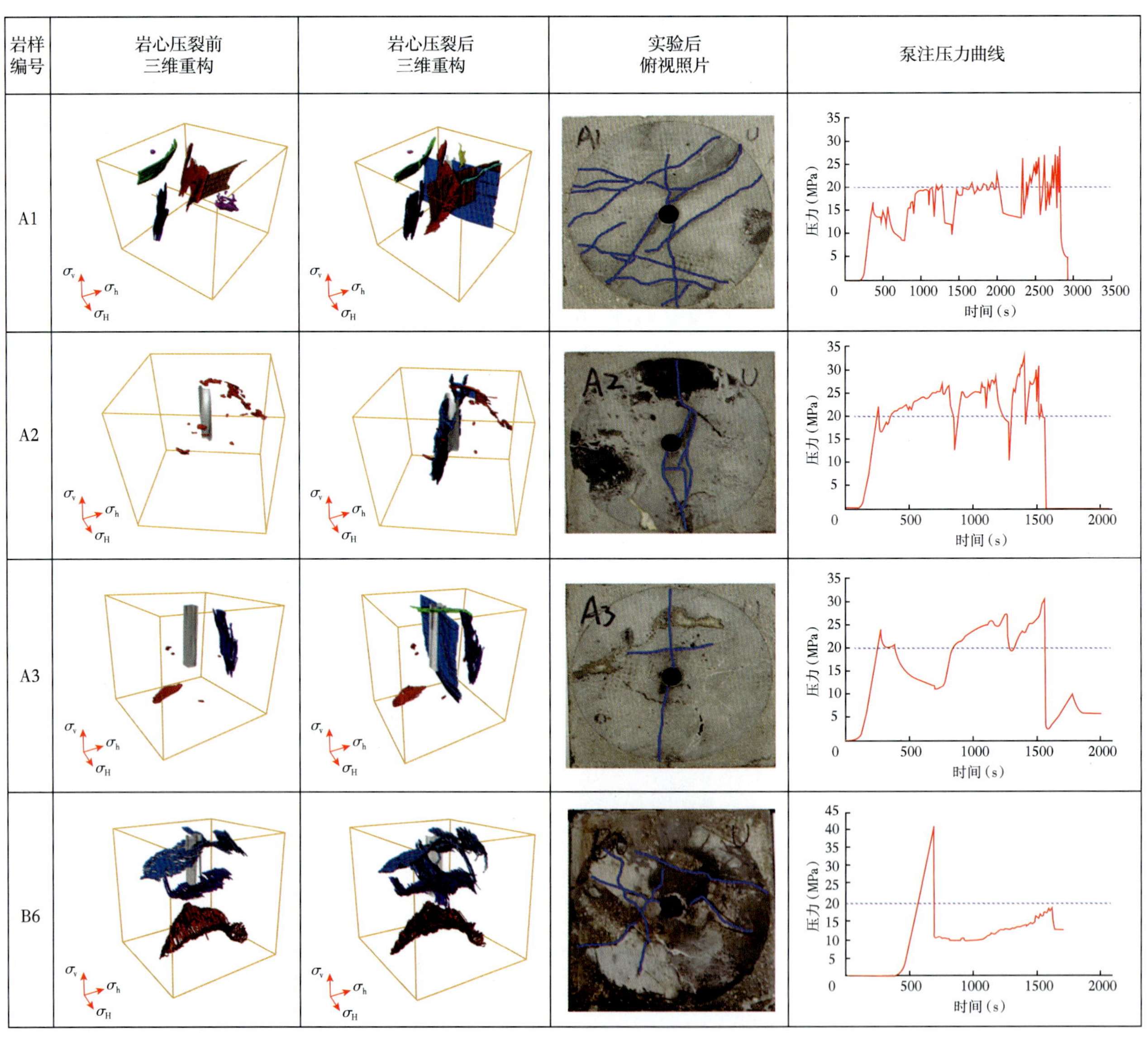

图 3　酸化压裂物模实验结果对比图

σ_H—最大水平主应力；σ_h—最小水平主应力；σ_v—垂向应力

通过软件计算酸蚀改造面积和裂缝非均匀刻蚀程度（图 4），得出酸蚀改造面积和裂缝非均匀刻蚀程度 A1> B6> A2> A3，表明增大注入规模、用酸比例和交替级数有利于产生更多水力裂缝及增加非均匀刻蚀程度，进而沟通更多缝洞体，形成复杂裂缝网络，提高裂缝系统的导流能力。

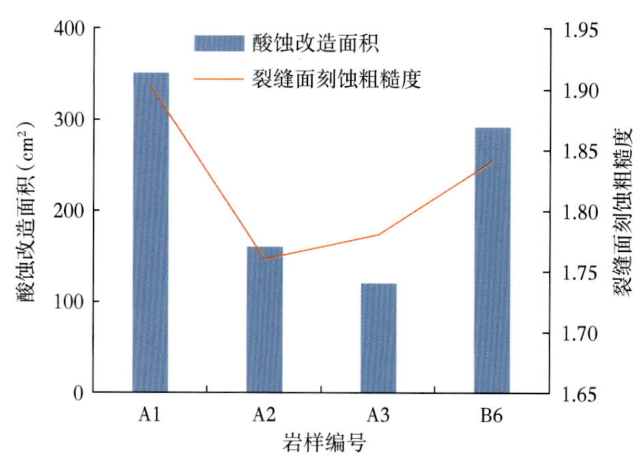

图 4　压裂后酸蚀裂缝对比图

2.2 酸液流动数学模型

基于上述物模实验认识及酸液流动过程中满足的质量守恒原理，建立碳酸盐岩酸液流动数学模型。假设条件如下：

（1）注酸过程中裂缝高度、宽度恒定；

（2）沿缝长方向酸液的流动为稳定层流流动；

（3）裂缝被液体充满，不存在空隙；

（4）裂缝边界为不渗透边界。

在建立数学模型时，将裂缝网格化，可取其中一个裂缝单元体进行研究（图 5），单元体长、宽、高分别为 Δx、w、Δz。

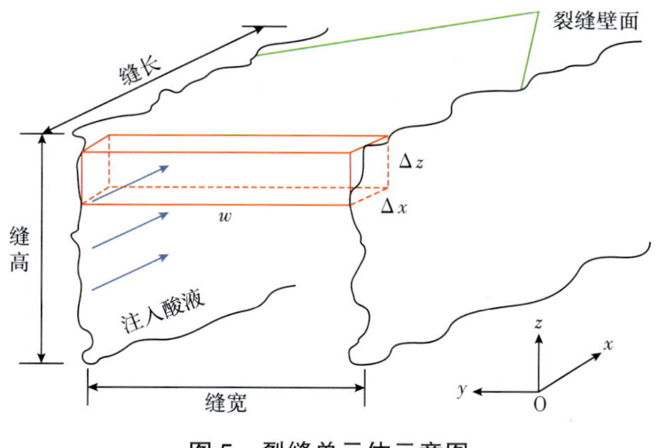

图 5　裂缝单元体示意图

假定沿缝长 x 方向酸液流入速率为 $v_{x,\mathrm{in}}$，流出速率为 $v_{x,\mathrm{out}}$，滤失速率为 v_c。由质量守恒原理，流入流体体积-流出流体体积-滤失流体体积=单元体内流体体积变化量，依此建立如下体积平衡关系式：

$$(v_{x,\mathrm{in}} - v_{x,\mathrm{out}}) w\Delta z\Delta t + (v_{z,\mathrm{in}} - v_{z,\mathrm{out}}) w\Delta x\Delta t - 2v_c\Delta x\Delta z\Delta t = w\Delta x\Delta z \tag{1}$$

式中　$v_{x,\mathrm{in}}$——沿缝长 x 方向的酸液流入速率，m/s；

$v_{x,\mathrm{out}}$——沿缝长 x 方向的酸液流出速率，m/s；

w——裂缝宽度，m；

$v_{z,\mathrm{in}}$——沿缝高 z 方向的酸液流入速率，m/s；

$v_{z,\mathrm{out}}$——沿缝高 z 方向的酸液流出速率，m/s；

v_c——滤失速率，m/s；

Δx——选取裂缝单元体的缝长，m；

Δz——选取裂缝单元体的缝高，m；

Δt——流体流动时间，s。

将式（1）转化成微分形式，得到酸液在裂缝中流动的连续性方程：

$$\frac{\partial(w\bar{v}_x)}{\partial x} + \frac{\partial(w\bar{v}_z)}{\partial z} + 2v_c = -\frac{\partial w}{\partial t} \tag{2}$$

式中　$\bar{v}_x$——某点酸液沿 x 方向的平均流速，m/s；

$\bar{v}_z$——某点酸液沿 z 方向的平均流速，m/s。

由缝中各单元的压力可以计算酸液沿缝长和缝高方向的平均流速 $\bar{v}_x$ 和 $\bar{v}_z$：

$$\bar{v}_x = -\frac{w^2}{12\mu}\frac{\partial p}{\partial x} \tag{3}$$

$$\bar{v}_z = -\frac{w^2}{12\mu}\left(\frac{\partial p}{\partial z} + \rho g\right) \tag{4}$$

式中　p——流体压力，Pa；

μ——酸液黏度，Pa·s；

ρ——酸液密度，kg/m^3；

g——重力加速度，m/s^2。

将酸液流速方程带入连续性方程，得到缝中酸液压力控制方程：

$$\frac{\partial}{\partial x}\left(\frac{w^3}{12\mu}\frac{\partial p}{\partial x}\right) + \frac{\partial}{\partial z}\left[\frac{w^3}{12\mu}\left(\frac{\partial p}{\partial z} + \rho g\right)\right] = \frac{\partial w}{\partial t} + 2v_c \tag{5}$$

2.3 施工参数优化

利用建立的酸液流动数学模型，根据茅口组储层参数，采用 Stimplan 酸化压裂软件开展施工参数优化。

2.3.1 注入排量优化

从图 6 看出，随着注入排量的增加，裂缝的长度、宽度增加，而且能形成复杂的裂缝网络。综合考虑管柱及井下工具安全性，在限压 95MPa 的条件下，设计主体施工排量为 5.0～6.0m^3/min，为有效提高酸液作用距离，现场采用限压不限排量的注入模式。

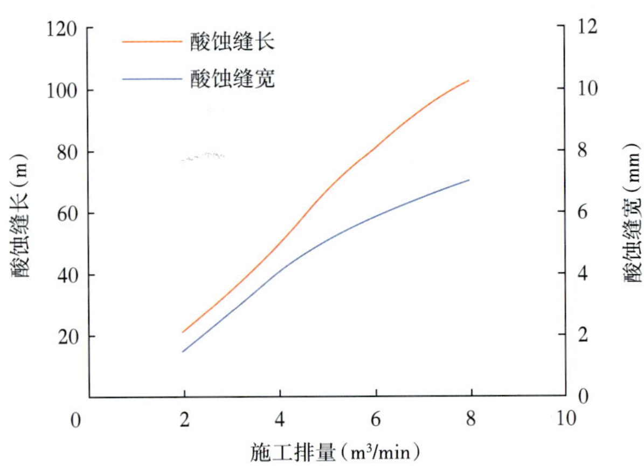

图 6　不同施工排量的酸蚀缝长及酸蚀缝宽变化曲线图

2.3.2 注酸量优化

图 7 是在排量 $6m^3/min$、不同注酸量下模拟的酸蚀缝长及缝长增长量。从图中可以看出，随着注酸量的增加，酸蚀缝长不断增大；但当注酸量超过 $700m^3$ 后，酸蚀缝长的增加幅度明显变缓。因此在保证改造体积的前提下，推荐最优注酸量为 $700m^3$。

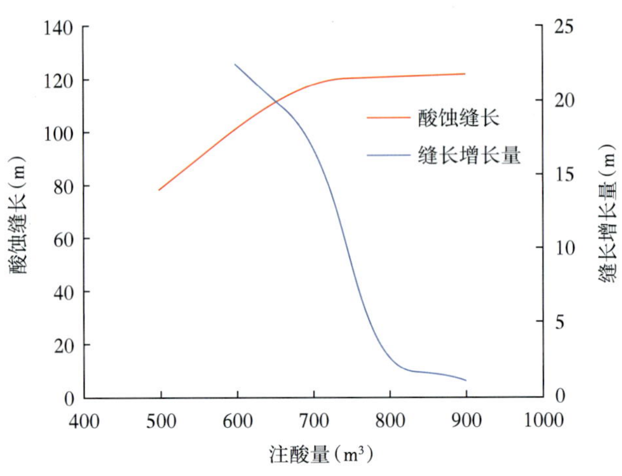

图 7　不同注酸量的酸蚀缝长及缝长增长量变化曲线图

2.3.3 酸液比优化

图 8、图 9 是排量为 $6m^3/min$、注酸量为 $700m^3$、不同酸液比下模拟的酸蚀缝长。从图中可以看出，酸液比同样对酸蚀缝长影响较大。低酸液比时，随着酸液比的增大，酸蚀缝长不断增加，若酸液比过低则不能对裂缝充分刻蚀；但当酸液比超过 2:1 后，酸蚀缝长略有下降，无法延长有效酸蚀缝长。因此选择最优酸液比为 2:1。

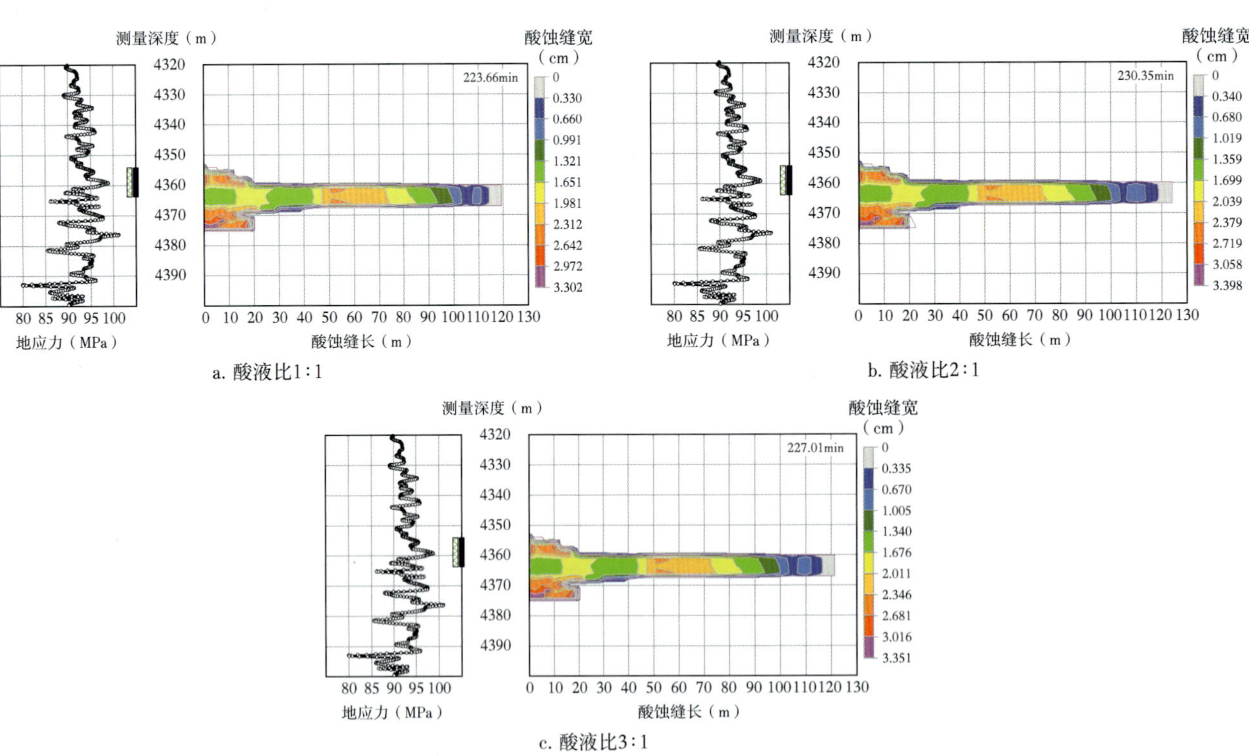

图 8　不同酸液比下裂缝扩展模拟图

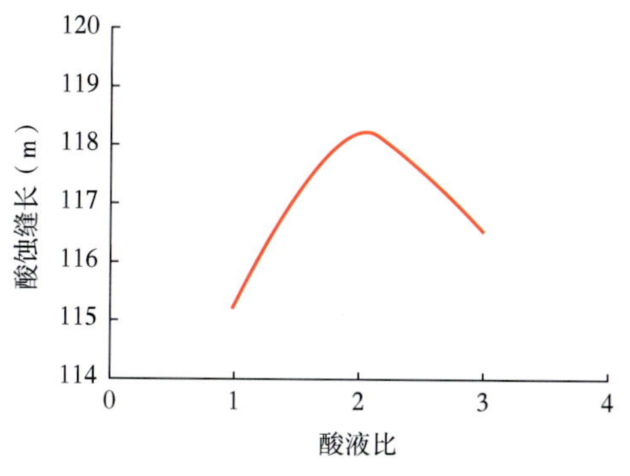

图 9　不同酸液比下的酸蚀缝长曲线图

2.3.4 交替级数优化

图 10、图 11 是排量为 $6m^3/min$、注酸量为 $700m^3$、酸液比为 2:1 及在不同交替级数下模拟的酸蚀缝长及缝长增长量。从图中可以看出，多级交替注入时产生的裂缝更长，裂缝复杂程度更大；当交替级数超过 3 级时，酸蚀缝长的增长量明显下降。因此优选交替级数为 3 级。

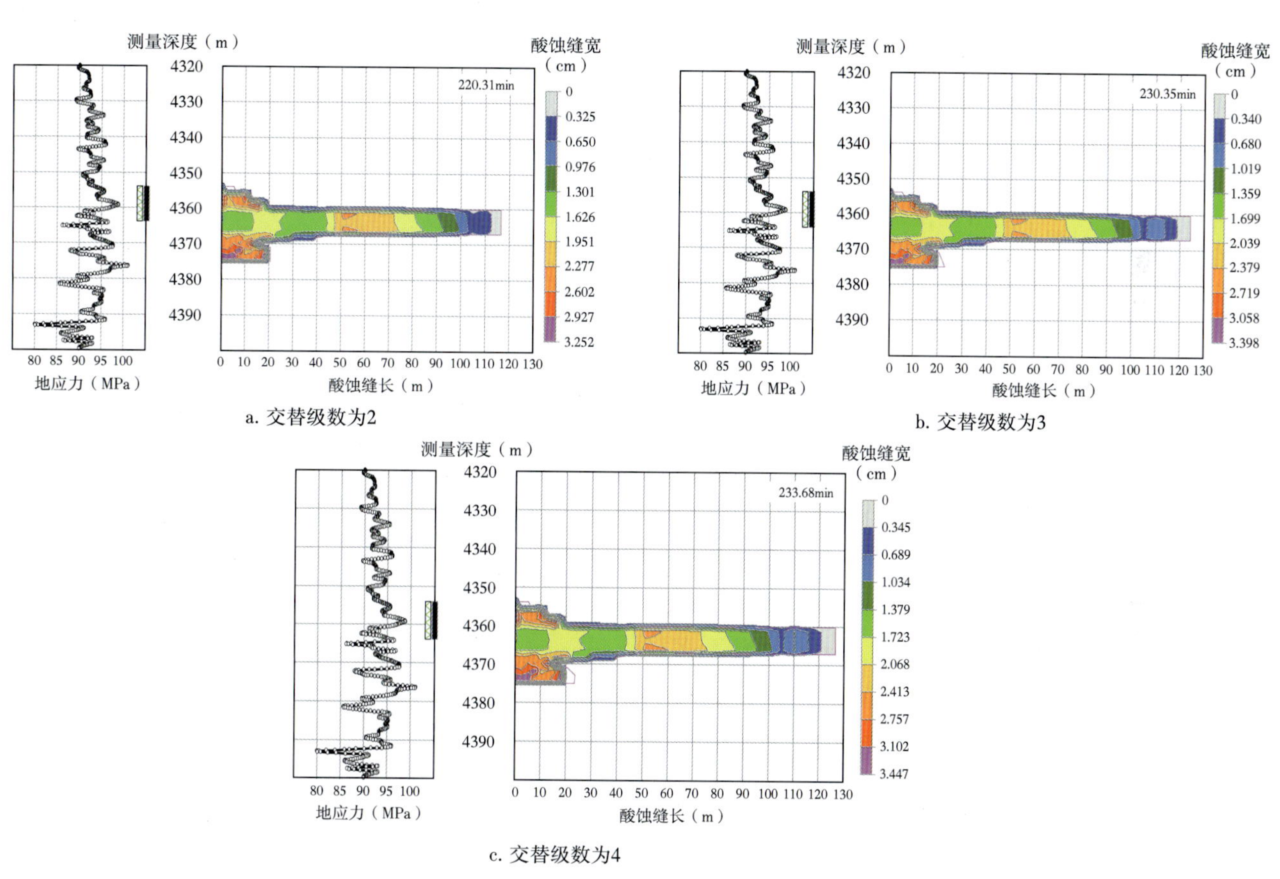

图 10　不同交替级数下裂缝扩展模拟图

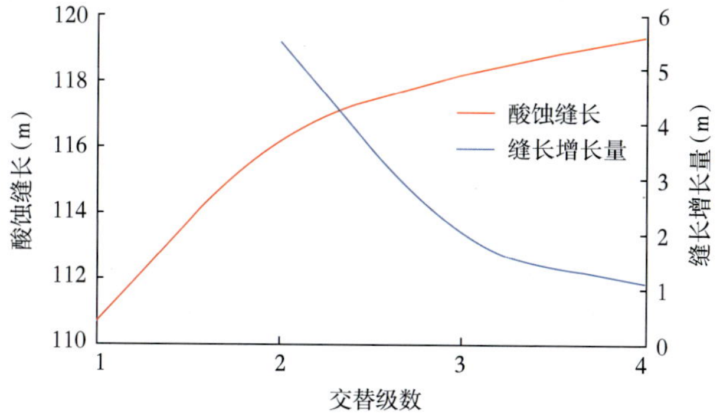

图 11　不同交替级数下的酸蚀缝长及缝长增长量曲线图

3 现场应用

通过以上优化设计，初步形成了大排量、大酸量、高酸液比、多级交替注入的酸化压裂技术改造工艺。2023 年 3 月，在合川区块 T8 井探索深度酸化压裂试验，现场施工曲线如图 12 所示。按照设计完成施工，施工压力在 57.3～82.7MPa 之间，施工排量在 1.5～5.5m^3/min 之间，总注入液量为 $1093m^3$（降破酸 $25m^3$、胶凝酸 $650m^3$、压裂液 $330m^3$、闭合酸 $25m^3$、顶替滑溜水 $30m^3$、清水 $33m^3$），停泵压力为 52.3MPa。

由图 12 可以看出，第 1 级交替阶段压力波动共有两次明显的压降，第 2 级、第 3 级交替阶段整体压力平稳，实现沟通近井孔洞发育、远端微裂缝。酸化压裂后试气产量为 208.7×10^{4}m^3/d，获高产工业气流。

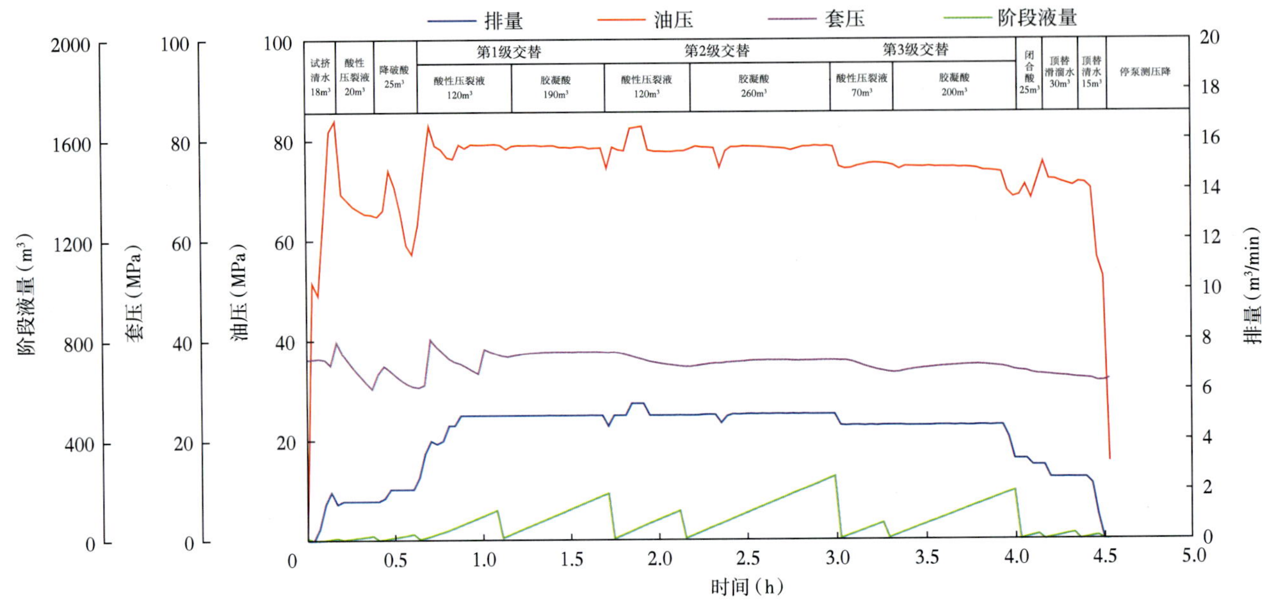

图 12　T8 井酸化压裂施工曲线图

4 结　论

（1）合川气田茅口组碳酸盐岩储层白云岩与石灰岩互层发育。物模实验研究表明，缝洞型储层增大注入规模、酸液比和交替级数可沟通更多缝洞体，形成复杂裂缝网络；数值模拟研究也验证了多级交替模式能形成更长、更复杂裂缝系统，因此深度酸化压裂应以多级交替为主。

（2）探索形成的大排量、大酸量、高酸液比、多级交替注入的改造工艺获得高产，初步证实工艺的适用性。但限于目前试验井数较少，下一步建议开展不同酸液类型、加酸规模、酸液比等的对比试验，完善高产井酸化压裂设计模式。

参考文献

[1]　施铁军，胡承波，刘人天，等．碳酸盐岩酸压工艺与发展趋势分析［J］．中国石油和化工标准与质量，2012，33（9）：46.

[2]　邓贤文，韩松，陈明战，等．伊拉克 H 油田碳酸盐岩储层酸化压裂技术［G］∥大庆油田有限责任公司采油工程研究院．采油工程 2020 年第 3 辑．北京：石油工业出版社，2020：1-7.

[3]　杨宝泉，邓贤文，李胜利，等．哈萨克斯坦 HD 油田自转向酸酸化解堵技术研究［G］∥大庆油田有限责任公司采油工程研究院．采油工程 2021 年第 4 辑．北京：石油工业出版社，2021：7-14.

[4]　胡文庭，何晓波，李楠，等．塔河油田外围超深碳酸盐岩储层深度酸压改造技术研究与应用［J］．石油地质与工程，2015，29（1）：115-117.

[5]　张悦，巫宛谦．深层碳酸盐岩酸压工艺技术应用现状［J］．化学工程与装备，2023（2）：53-54.

[6]　徐敏，陆林超，段杰，等．川中—川东地区下二叠统茅口组二段白云岩发育规律研究［J］．石油地质与工程，2018，32（4）：23-27.

[7]　王洋，袁清芸，李立．塔河油田碳酸盐岩储层自生酸深穿透酸压技术［J］．石油钻探技术，2016，44（5）：90-93.

[8]　刘建坤，蒋廷学，周林波，等．碳酸盐岩储层多级交替酸压技术研究［J］．石油钻探技术，2017，45（1）：104-111.

化学驱高效测调技术改进与应用

赵 坤[1]，伊 坤[2]，刘 庚[3]，尹 旭[4]，孙宇飞[5]

（1. 大庆油田有限责任公司第六采油厂；2. 大庆油田有限责任公司第一采油厂；
3. 大庆油田有限责任公司庆北工矿服务公司；4. 大庆油田有限责任公司工程建设有限公司；
5. 大庆油田有限责任公司第四采油厂）

摘 要：针对大庆油田现行化学驱高效测调技术中的测调仪输出扭矩小、流量检测精度低、可调堵塞器流道狭窄等问题，开展了化学驱高效测调技术的改进研究。通过优化电控测调仪电动机内部结构，以及重排内部线圈布局等方法将电控测调仪输出扭矩提升至20N·m，进一步提高了测调成功率；针对化学驱溶液的流动特性，优化电磁流量计内部结构，提升对化学驱溶液流动的电磁感应效果，并将内流式流道改为外流式流道，在提升检测精度的同时，增大过流通道；重新设计可调堵塞器伸缩调节机构，扩大可调堵塞器降压槽外径至18mm，进一步降低过流黏损率至5.6%；在防腐、防垢方面，通过优选聚四氟防垢材质，大幅提升井下工具防腐、防垢效果。改进后的化学驱高效测调技术在现场应用中取得良好效果，现场共进行16井次检配试验，一次调整合格率达到95%以上，对改善化学驱注入工艺、提高化学驱驱油效果具有一定参考价值。

关键词：化学驱；高效测调；堵塞器；测调仪；改进完善

随着化学驱采油技术在大庆油田的工业化推广应用，为实现储层的均衡动用，先后发展形成了一系列化学驱分层注入技术[1-3]。2014年至今，随着化学驱分注进入工业化应用，分注井数逐年升高，测试工作量不断增加，常规钢丝测调技术单井测试时间较长，测调效率需进一步提升。与钢丝测调技术相比，化学驱高效测调技术可以大幅提高化学驱分注井的测调效率，降低劳动强度，有效提高分注合格率。但由于化学驱注入介质的特殊性，随着分注时间不断增长，井下工具结垢情况日趋严重，测调困难井数不断增多[4-6]。为了进一步提高化学驱高效测调技术的工艺适应性，在原有化学驱高效测调技术的基础上，针对现场应用过程中出现的实际问题，开展了化学驱高效测调技术的改进完善研究。

1 工艺分析

1.1 技术原理

化学驱高效测调技术主要指通过电动投捞和电动测调工艺所形成的系列化学驱分注井测试工艺集合，工艺结构如图1所示。该技术通过全电控的方式实现了对化学驱分注井各个层段的堵塞器投捞、注入量测试和井下调节[7-9]。

在电动测调过程中，电控测调仪通过电缆下入井下，待到达指定位置后，地面计算机发送控制信号，电控测调仪支臂张开；然后继续下放电控测调仪，使对接头与配注器内的分子量调节器或压力调节器完成对接[10-12]，电控测调仪结构示意图如图2所示。

通过电控测调仪集成的电磁流量计能够实时测量井下分注流量，通过电缆将流量数据回传至地面。

第一作者简介：赵坤，1987年生，女，工程师，现主要从事新能源和项目监督工作。
邮箱：zhaokun@ petrochina. com. cn。

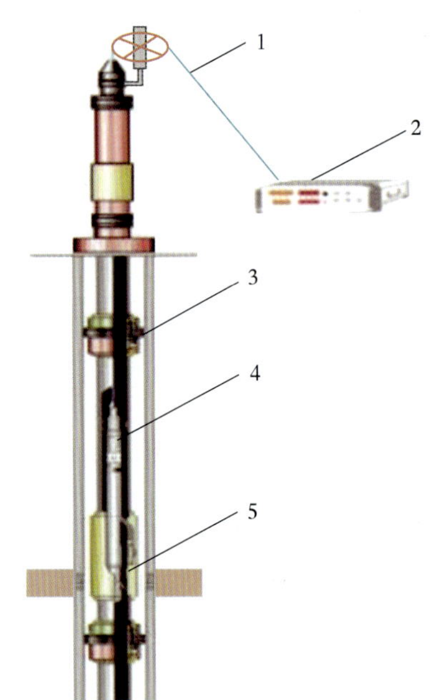

图 1　化学驱高效测调工艺结构示意图

1—电缆；2—地面控制器；3—封隔器；4—电控测调仪；5—配注器

若需进行流量调整，则通过地面发送控制信号，驱动电控测调仪支臂上的对接头旋转，对接头与可调堵塞器调节帽配合，调节帽旋转带动可调堵塞器节流芯伸出、缩回，实现配注量的随测、随调。

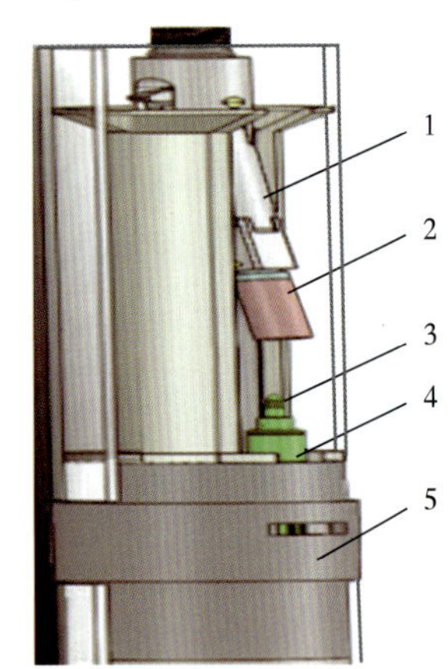

图 2　电控测调仪结构示意图

1—电控测调仪支臂；2—对接头；3—调节帽；4—可调堵塞器；5—配注器

1.2 存在问题

（1）电控测调仪输出扭矩偏低。目前常规电控测调仪中对接头的额定输出扭矩一般为 8N · m。当化学驱分注井出现结垢现象后，可调堵塞器的调节阻力不断升高，在部分结垢井的测调过程中，频繁出现因测调阻力过大而导致电控测调仪电机过载的情况。

（2）电控测调仪流量测试精度低。由于化学驱注入井中聚合物溶液的黏度远高于水驱注水井注入水的黏度，因此当具有非牛顿流体特性的聚合物溶液流经电控测调仪时，聚合物溶液易在流量计探头上附着堆积，影响流量测试精度。

（3）可调堵塞器尺寸结构需完善。原可调堵塞器需采用专用投捞工具，与常规堵塞器相比，打捞杆长度增加了 9mm，压盖的夹持部位直径缩小了 0.5mm，现场通用性较差。使用常规投捞工具投送时，易造成紧固不到位，导致可调堵塞器脱落。由于设计了伸缩调节机构，导致调节帽的杆径厚度缩小至 4mm，致使调节帽承压强度下降，在投捞过程中易出现调节帽断裂风险。

（4）可调堵塞器进液面积小。可调堵塞器环空间隙如图 3 所示，其降压槽外径为 12mm，偏孔孔径为 14mm，进液腔环空间隙单侧为 1mm，虽与常规堵塞器进液空间相同（常规堵塞器降压槽外径为 18mm，偏孔直径为 20mm），但进液面积减少了 18.84mm^2，更容易导致注入过程中化学驱溶液发生剪切失效。

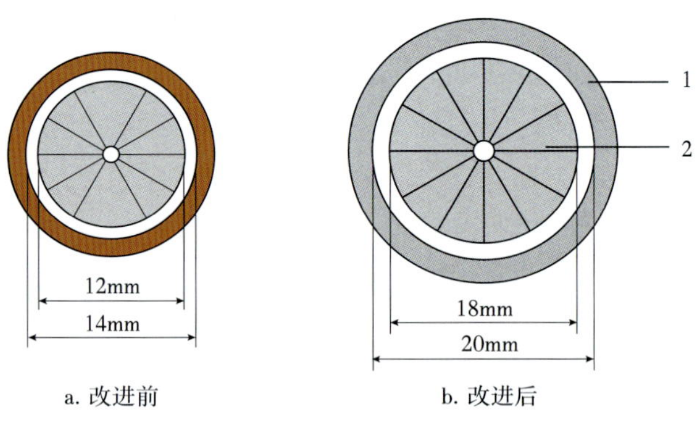

图 3　可调堵塞器环空间隙示意图

1—导套；2—节流芯

如图 4 所示，由于导套结构原因导致可调堵塞器出液槽与配注器出液槽之间存在错位，进一步加剧了注入溶液的剪切效果，产生二次节流，使黏损率增加，降低了驱油效果。

（5）可调堵塞器结垢情况严重。由于化学驱溶液矿化度较高，导致可调堵塞器表面结垢现象较为严重，注入效果降低甚至失效。目前油田在用的防

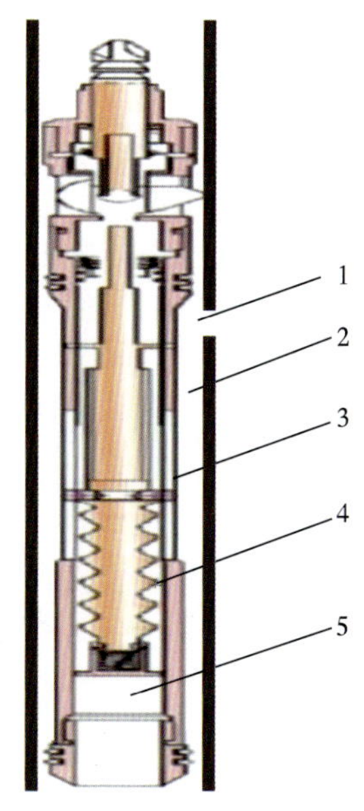

图4　可调堵塞器节流示意图

1—配注器出液槽；2—二次节流位置；3—可调堵塞器出液槽；4——次节流位置；5—可调堵塞器进液孔

垢技术种类较多，在初期取得较好效果，需开展对比评价，优选出性能最优的防垢工艺技术。

2 工艺优化研究

2.1 电控测调仪改进

电控测调仪的测调机构高度集成，电控测调仪输出扭矩偏低，主要是由于井下工具内腔的空间有限，无法放置大扭矩电动机。针对该问题，在不改变驱动电动机外形尺寸的前提下，通过对电控测调仪内部线圈布局、转速与输出扭矩匹配关系进行优化，提高了电动机的功率因数；同时优化减速结构，在不改变驱动电动机外形尺寸的情况下增加了减速比，使得在额定电流的情况下，扭矩可达20N·m，满足了聚合物驱及三元复合驱的井下测调要求。改进后的测调机构主要由驱动电动机、密封组件、凸轮机构、机械臂、万向传动轴及对接头组成（图5）。

目前电控测调仪的井下流量监测一般采用电磁流量计。针对电控测调仪流量测试精度低的问题，根据化学驱溶液流动的电特性，选用LF低频交流励磁线圈，同时调整励磁频率、数据解析算法，增强系统对化学驱溶液流动的电磁感应效果。

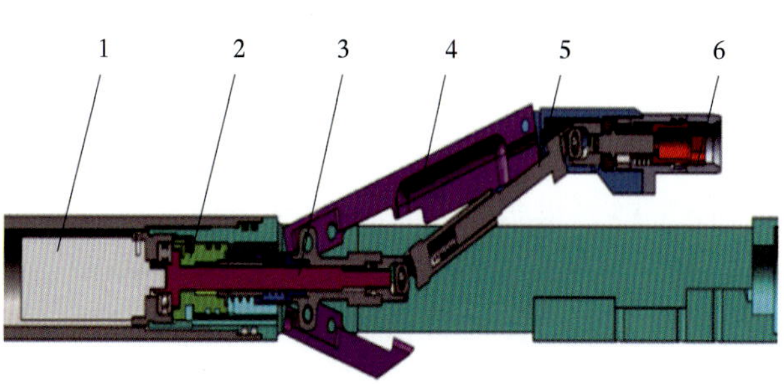

图5　改进后测调机构结构示意图

1—驱动电动机；2—密封组件；3—凸轮机构；4—机械臂；5—万向传动轴；6—对接头

并针对化学驱的流量测量的干扰特征，优化了接收电路的滤波放大对干扰抑制的特性。改进后的电磁流量计结构如图6所示。

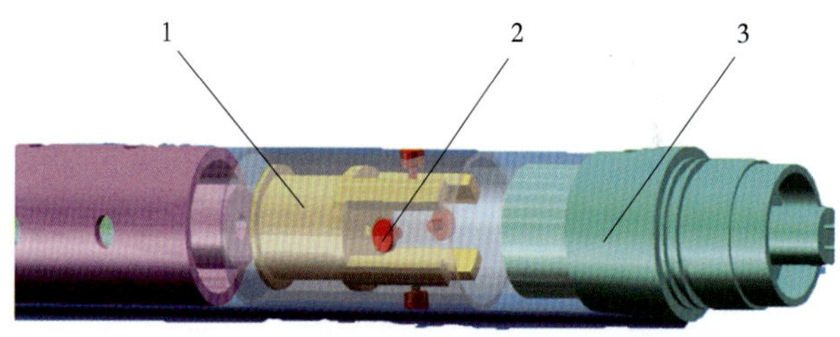

图6　改进后电磁流量计结构示意图

1—LF低频交流励磁线圈及线圈骨架；2—电磁流量计感应触点；3—高温高压密封过线接头

电磁流量计主体及零部件采用耐腐蚀材料钻铤钢材，保证了其耐腐蚀性能。同时将内流式流道改为外流式流道，达到降低流阻、提高化学驱溶液在流道内流通性能的目的，如图7所示。

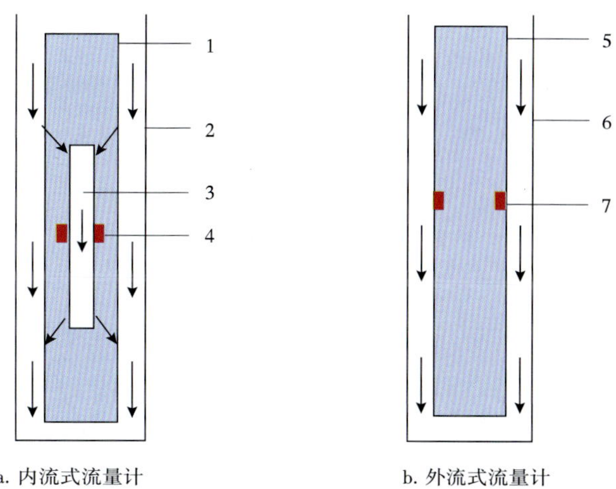

图7　不同电磁流量计结构示意图

1、5—流量计外壁；2、6—油管壁；3—内部流道；4、7—感应触点

2.2 可调堵塞器结构改进

针对可调堵塞器进液面积小的问题，对其内部的伸缩调节机构进行重新设计，进一步缩短整体尺寸，如图 8 所示。对进液部位重新调整，去除原有进液腔，使流线型降压槽外置，利用配注器腔壁实现降压节流作用。根据多次水力特性试验结果，扩大可调堵塞器降压槽外径至 18mm、配注器偏孔直径至 20mm。通过上述结构改进，使现有可调堵塞器达到 0.5～2.5mm 的微调槽距，还可根据注入状况增加降压槽数。降压槽与配水器出液槽高度匹配适合，黏损率低至 5.6%，满足现场注入需求。

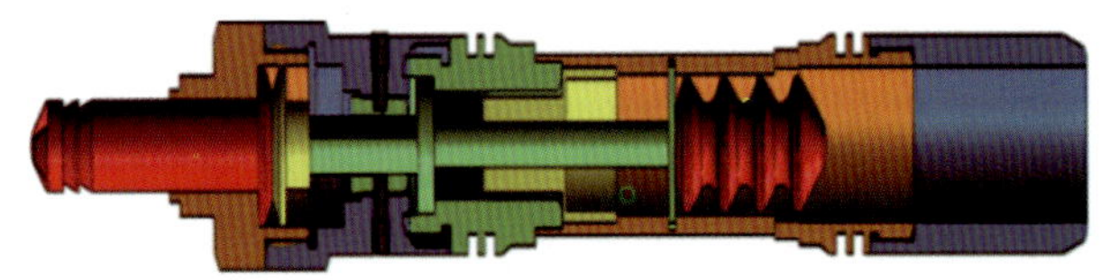

a. 改进前

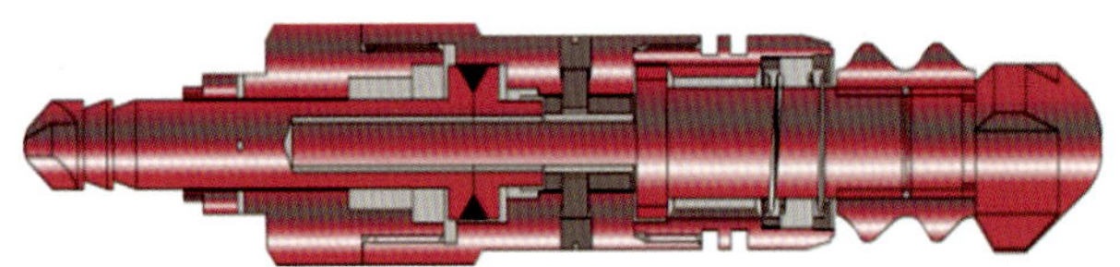

b. 改进后

图 8 可调堵塞器改进前后结构对比示意图

为防止可调堵塞器调节帽在测调过程中发生脱落与折断，需要对可调堵塞器的尺寸结构进行重新设计。综合考虑调节帽过长与杆柱径向尺寸较小的问题，将可调堵塞器上伸缩调节机构的调节位置上移至调节帽顶端，在原调节帽的结构基础上，将六方形改为 Y 形的仿螺丝批头形状，如图 9 所示。使用该结构在不剖切调节帽的前提下，实现可调堵塞器的伸缩调节功能，在保证调节帽强度的同时，缩短了可调堵塞器的整体长度，降低了投捞及测调过程中可调堵塞器脱落、折断的风险。

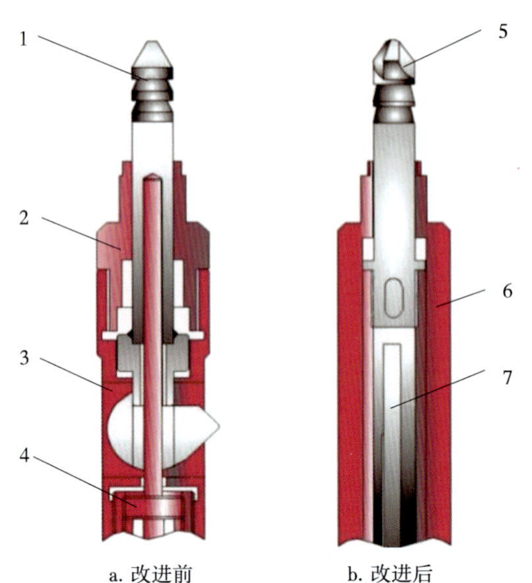

a. 改进前 b. 改进后

图 9 调节帽改进前后对比示意图

1—六方形打捞头；2—调节帽（伸缩调节位置）；3—调节套筒；4—伸缩调节杆；5—Y 形打捞头；6—堵塞器外壳；7—伸缩调节杆

2.3 节流原件防垢性能改进

针对化学驱分注井可调堵塞器表面结垢严重的问题，开展了五防涂层、合金涂层、不锈钢涂层、聚四氟涂层等 4 种不同材质涂层的可调堵塞器在同井、同层段条件下防垢性能的对比评价试验。现场试验 8 口井，不同材质涂层结垢量变化对比曲线如图 10 所示。试验结果显示，6 个月后不锈钢涂层、五防涂层、合金涂层材质的可调堵塞器结垢厚度大于 0.6mm，单侧影响过流间隙为 0.3mm，若用于节流元件，则注入量误差将最高达到 24.4%，不建议采用。聚四氟涂层的结垢量小于 0.2mm，单侧影响过流间隙为 0.1mm，影响注入量小于 5%，可以继续使用。现场试验的 8 口井中，原工艺管柱的测调稳定周期仅为 3 周，采用优选出的聚四氟防垢材质对分注工具进行喷涂处理后，结垢情况得到明显改善。

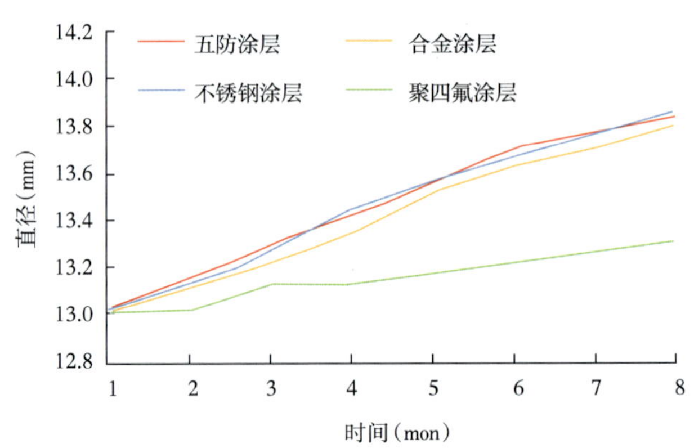

图 10 不同材质涂层结垢量变化对比曲线图

3 现场试验

为验证改进后化学驱高效测调技术的应用效果，在 X 区块挑选 10 口注入井，历时 8 个月时间，进行了 16 井次检配验证（表 1）。现场试验表明，电控测调仪未出现堵转、卡转现象，调整电流变化平稳。电磁流量计测试精度在±2%FS 之内，投捞及测调过程中未出现堵塞器脱落、折断现象，一次调整测试合格率达到 95%以上，改进后的可调堵塞器达到了高效测调工艺所要求的水嘴连续可调、低黏损率的要求。

表 1　高效测调技术改进后试验参数表

井 号	层 段（个）	调整层段数（个）	测 试合格率（%）	井 号	层 段（个）	调整层段数（个）	测试合格率（%）
B12	3	2	100	B17	4	1	100
B177	4	3	75	C22	3	2	66.7
B11	3	1	100	ZD23	2	1	100
Z34	3	1	100	ZD2	2	1	100
Z2	2	1	100	ZD3	2	1	100
ZD22	2	1	100	Z35	3	1	100
B1	3	1	100	ZD23	2	1	100
B12	3	1	100	C2	3	1	100

4 结　论

（1）由于化学驱分注井结垢现象较为普遍，经过长时间注入易导致配注器内杂质堆积，造成测调过程电控测调仪内电动机驱动扭矩升高、流量计测试精度降低、可调堵塞器注入孔堵塞等问题，严重制约了高效测调技术在化学驱分注井上的推广应用。

（2）从提升仪器性能本身出发，通过提升电控测调仪额定扭矩、优化流量计测试工艺、完善可调堵塞器结构等方法对化学驱高效测调技术进行补充完善，提升对化学驱溶液流动的电磁感应效果，并将内流式流道改为外流式流道，在提升检测精度的同时，增大过流通道。化学驱高效测调技术的工艺可靠性及适应性有了进一步提升。

（3）目前化学驱高效测调技术尚处于试验阶段，工艺稳定性还需规模化现场试验验证，同时目前研发的可调堵塞器仅能实现分压注入功能，尚不能实现分子量调节。下一步应开展适用于化学驱高效测调技术的可调分质堵塞器攻关研发，完善高效测调技术，进一步提高工艺适应性，为技术推广奠定基础。

参考文献

[1] 高光磊，杨慧，李海成，等．大庆油田聚合物驱分注技术现状分析［G］//大庆油田有限责任公司采油工程研究院．采油工程 2011 年第 2 辑．北京：石油工业出版社，2011：1-4.

[2] 李海成．大庆油田聚合物驱分注工艺现状［J］．石油与天然气地质，2012，33（2）：296-301.

[3] 朱振坤，李海成，高光磊，等．大庆油田化学驱分层注入技术现状与发展趋势［J］．石油钻采工艺，2022，44（5）：642-647.

[4] 邱亚东，徐晓宇，李海成，等．化学驱连续监测及自动测调技术［J］．石油钻采工艺，2022，44（5）：660-664.

[5] 孙宇飞，张传军，刘亚三，等．聚合物驱高效测调分层配注技术研究与应用［G］//中国机械工业联合会，中国石油和化学工业联合会．2015 中国国际能源峰会—石油石化天然气大会会刊暨论文集．大庆油田有限责任公司第四采油厂，2015：91-95.

[6] 邹天洋．聚合物驱分注井高效测调技术研究［D］．哈尔滨：哈尔滨理工大学，2017.

[7] 魏玉阳．聚合物驱高效测调技术研究与应用［J］．化学工程与装备，2018（3）：64-65.

[8] 赵玉亭．水驱聚驱高效测调技术的开发与应用［J］．化学工程与装备，2020（2）：71-72.

[9] 唐俊东．聚合物驱分注井直读电动测调技术［G］//大庆油田有限责任公司采油工程研究院．采油工程文集 2015 年第 2 辑．北京：石油工业出版社，2015：5-8.

[10] 蒋雨辰．直读式井下测调仪的改进与现场应用［G］//大庆油田有限责任公司采油工程研究院．采油工程 2013 年第 1 辑．北京：石油工业出版社，2013：68-71.

[11] 滕海滨．注水井高效实时测调技术的推广应用［J］．内蒙古石油化工，2014（17）：99-102.

[12] 程延庆．双流量高效测调技术研究与应用［J］．化学工程与装备，2018（8）：119-122.

化学固砂压裂工艺在喇嘛甸油田的应用

郝振兴

（大庆油田有限责任公司井下作业分公司）

摘　要：喇嘛甸油田储层以砂岩和泥质粉砂岩为主，储层埋藏浅、胶结疏松、易出砂，应用化学固砂压裂工艺可满足该区块油气高性价比开采需要。优选固砂剂、优化工艺流程并采用配伍性实验、岩心伤害实验等室内实验与现场应用相结合的方法进行工艺研究。应用化学固砂压裂工艺后，措施成功率为 99.1%，吐砂比降低 19.3%，平均日产油量增加 3.0t，平均日注水量增加 $11m^3$，注水压力降低 0.9MPa。研究结果表明，化学固砂压裂井在增产增注的同时能有效防止压裂后吐砂，整体措施效果较好。

关键词：出砂井；压裂；出砂；化学固砂；增产增注

在油田开发过程中，部分油水井在压裂措施改造后油水层易出现出砂现象，影响产量。国内外目前所使用的防砂工艺仍以机械防砂为主，机械防砂有效期长、成功率高，但只防不治，无法从根本上解决压裂后出砂问题。化学防砂工艺简单、易于施工、效果较好，更适用于胶结疏松的砂岩和泥质粉砂岩储层[1-3]。

压裂施工后再单一进行化学固砂措施会增加占井周期和措施作业成本，不能满足油气高性价比开采需要。为了解决这一问题，探讨将压裂工艺和化学固砂工艺结合在一起，在压裂措施增产增注的同时，采用化学固砂工艺预防油水井出砂。通过这种工艺技术的应用，期望能提高喇嘛甸油田压裂措施井的效果和生产效率。

1 研究区概况

1.1 喇嘛甸油田概况

喇嘛甸油田位于大庆油田长垣老区北端区块，地层剖面图如图 1 所示。区域内的断层分布不均匀，显示出构造断层的分区性特征，纵向上分布着以河流沉积相为主的萨尔图、葡萄花油层，以及以三角洲沉积相为主的高台子油层，整体地势较为平坦。该油田面积约为 $100km^2$，预探石油储量为 8.1472×10^8t，天然气储量为 $99.59\times10^8m^3$。

储层属于河流—三角洲相沉积，以厚油层发育为主。油田自下而上沉积了高台子、葡萄花、萨尔图 3 套含油层系（表 1），发育砂岩厚度 128.4m，有效厚度 73.9m。其中 2m 以上油层有效厚度为 46.2m，占总厚度的 62.5%。

喇嘛甸油田先后经历了基础井网、一次井网加密、二次井网加密、后续水驱、化学驱等开发阶段。随着采油速度提高、生产压差增大、注采关系改变，以及化学驱导致岩石结构破坏等因素的影响，油水井出砂的风险也随之增加，防砂固砂工艺亟需升级完善。

作者简介：郝振兴，1985 年生，男，工程师，现主要从事油气开发和压裂研究工作。

邮箱：hzx6389012@163.com。

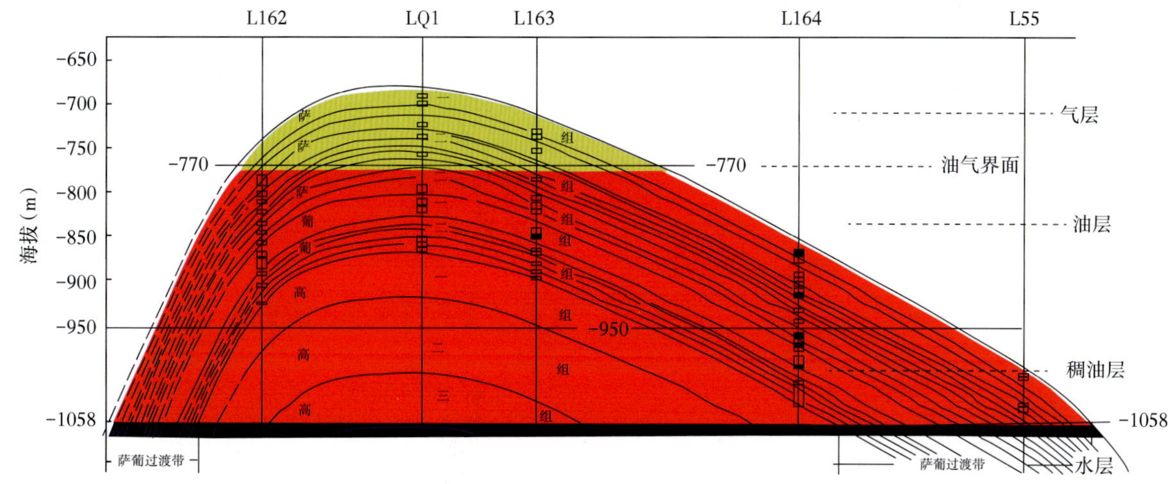

图 1　喇嘛甸油田地层剖面图

表 1　喇嘛甸油田油层分类特征表

油层类型		主要沉积相	河道砂体		厚　度（m）	
			沉积类型	钻遇率（%）	砂　岩	有　效
一类	Ⅰ	泛出平原	河道砂	≥70	13.8	11.3
二类	$Ⅱ_A$	分流平原	河道砂	≥42	21.5	15.7
	$Ⅱ_B$	分流平原、内前缘	河道砂、前缘砂	≥25	43.2	26.2
	小计				64.7	41.9
三类	Ⅲ	内、外前缘	前缘砂、三角洲	<25	49.9	20.7
合计					128.4	73.9

1.2 出砂原因分析

地层条件、生产方式、生产管理及完井因素都是影响油水井出砂的重要因素。

首先，喇嘛甸油田储层以砂岩和泥质粉砂岩为主，主要特点是储层埋藏浅、岩石中铁质和硅质含量较低、岩石胶结度低、地层疏松、地层容易出砂。这些特点使得该油田的地层条件较为脆弱，容易发生出砂现象[4-6]。

其次，采油速度过快、生产压差过大、注采关系不合理等都可能导致地层应力变化，进而增加出砂的风险。因此在生产过程中需要合理控制采油速度和生产压差，确保注采关系的合理性和稳定性，以减少出砂的风险。

再次，生产管理不当、监测和控制生产参数不及时、没有采取有效的防砂措施等，都可能导致出砂现象的发生。

最后，完井质量及完井后射孔的相位角、射孔弹的碎片、碎屑、地层微粒，以及孔密、弹孔流道面积、完井井斜等都会对出砂产生一定的影响。

为了减少油水井出砂的风险，需要综合考虑这些因素，采取综合性措施进行预防和控制。

1.3 出砂造成不利影响

喇嘛甸油田目前主要采油区均已进入高含水期，很多区块先后实施了聚合物驱、三元复合驱开采，油水井出砂情况逐年加剧，措施井压裂后出砂比也随之上升，对油井正常生产造成很多不利影响。油层出砂所造成的危害主要有以下几个方面[7-8]：

（1）掩埋油藏，影响产量。

（2）掩埋或卡住井下管柱，砂卡管泵，增加作业费用。

（3）地层坍塌导致套管变形破坏，造成井下事故，增加大修费用。

（4）地面设备管线遭受砂砾严重磨蚀，出现管线刺漏、阀门失灵等问题，这些不仅影响了油田生产的正常运行，还可能对环境造成污染，给油田的可持续发展带来负面影响。

2 化学固砂压裂工艺

2.1 固砂剂优选

化学固砂压裂工艺是一种有效的防砂措施。在压裂施工完成后，按照一定次序注入固砂剂，使支撑剂与地层紧密结合在一起。这样可以在保持地层良好渗透率的同时，在近井地带起到更好的支撑效果。通过这些措施可以有效防止砂粒侵入井筒，实现防砂目的。因此固砂剂的性能至关重要，选择性能优良的固砂剂是实现化学固砂压裂工艺成功的关键之一。

经过深入调研，对比了目前常用的柴油水泥浆乳化液、树脂砂浆、酚醛树脂溶液及 WTD 固砂剂等几种化学固砂药剂，经油田化学分析了解到以下信息：

（1）柴油水泥浆乳化液适用于少量出砂的油水井防砂。其成本相对较低，但堵塞问题较为严重，对渗透率的保留效果较差。

（2）树脂砂浆和酚醛树脂溶液适用于油水井的早期防砂。它们具有较好的适应性，但成本相对较高。渗透率的保留程度中等，形成胶结物的抗压强度较低，质地较为酥脆。

（3）WTD 固砂剂适用于高含水油井和水井后期防砂。虽然成本较前两种药剂略高，但其溶液黏度较低，易于施工。胶结后固化产物保留了岩石较高的渗透率，同时具有极高的抗压强度，能更好地满足油田开发需要。

经过综合评估，优选 WTD 固砂剂作为喇嘛甸油田化学固砂压裂用固砂剂。

2.2 工艺机理及施工流程

固砂剂中羟基（-OH）及醚基（-O-）对砂粒表面硅醇基（SiOH）具有强吸附性能，使得 WTD 化学固砂剂能够均匀地包裹在砂粒表面，并发生缩合反应，从而将砂粒黏结在一起。疏松砂岩表面为亲水性，水使 Si-O-Si 键断裂，并形成硅醇基：

$$H_2O+Si-O-Si \rightarrow 2(SiOH)$$

这种硅醇基极其稳定，化学固砂就是利用这种特性，使石英砂表面与固砂剂形成牢固的化学结合。在充分考虑地层渗透率、温度、压力等地质条件下，采用低温破胶压裂液体系提高破胶速度，在人工裂缝完全闭合后，利用水泥车在小排量下注入固砂剂等，挤注压力控制在岩石破裂压力之下，避免裂缝开启，固结裂缝口附近支撑剂，防止缝口压裂后出砂。

随后，采用“五段塞”注入法（图 2），即在完成每层压裂施工后，扩散压力 20min，以 0.5m^3/min 排量注入 2m^3 饱和盐水清洗地层孔道，然后注入 WTD 固砂剂，之后再注入 4m^3 饱和盐水作为隔离液隔离固砂剂，防止固化反应过早进行，接着再注入酸剂作为固化反应的催化剂，最后注入 8m^3 饱和盐水，将所有药剂全部替入地层。

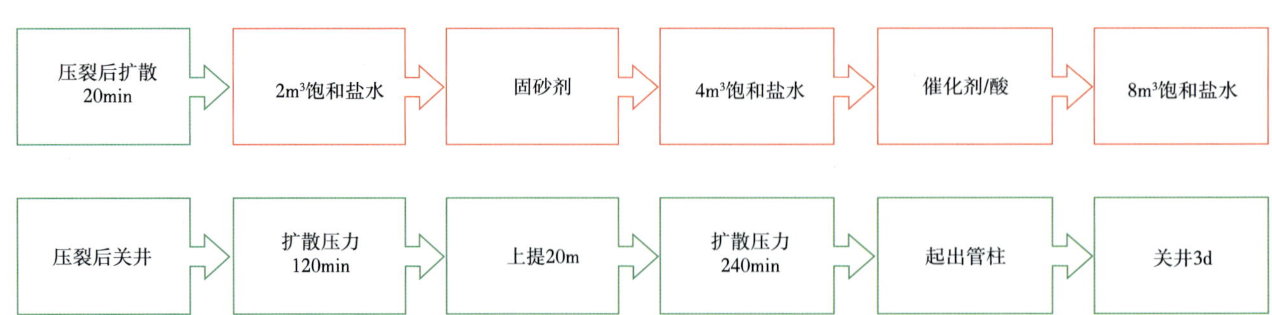

图 2 化学固砂施工工艺流程图

与常规压裂相比，化学固砂现场施工无需增加其他设备，操作简便。现场施工工艺井口连接图如图 3 所示。

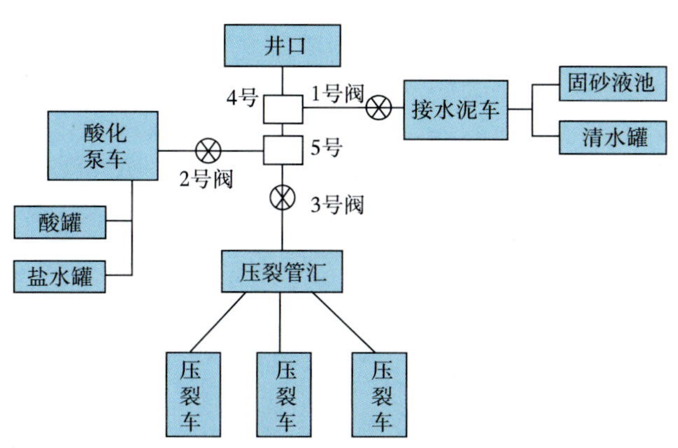

图 3　化学固砂压裂工艺井口连接图

3 室内实验

3.1 配伍性实验

采用盐酸、硝酸作为催化剂进行对比分析。盐酸、硝酸作为催化剂时，固砂剂将砂子固结，形成较牢固的胶结块（图 4）。

催化剂导流能力测试结果（表 2）表明，硝酸质量分数为 12%与盐酸质量分数为 17%时，导流能力近似，约为固砂前的 84%，可满足要求；硝酸质量分数分别为 15%和 13%时，对导流能力伤害较大，且硝酸酸性过强，反应过于剧烈。最终优选出质量分数为 17%的盐酸作为催化剂。

a. 固砂剂原样

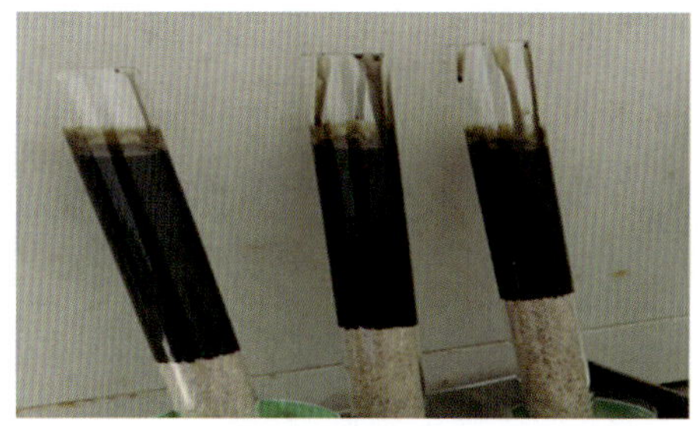

b. 室内固砂反应对照组

c. 固砂反应初凝样品

d. 固砂反应胶结块

图 4　固砂剂原样及室内固结实验图

表 2　催化剂导流能力测试结果表

名　称	铺砂浓度（kg/m^2）	加热温度（℃）	加载压力（MPa）	加载时间（min）	流　量（m^3/min）	导流能力（D · cm）
石英砂	10	40	20	24	7	48. 15
质量分数为 15%的硝酸	10	40	20	24	7	26. 58
质量分数为 13%的硝酸	10	40	20	24	7	36. 32
质量分数为 12%的硝酸	10	40	20	24	7	41. 21
质量分数为 17%的盐酸	10	40	20	48	7	40. 25

3.2 岩心伤害实验

铺砂浓度为 10kg/m²，加热温度为 40℃，将胶结块放入 1.2%的氢氧化钠溶液中浸泡 24h，测定强碱环境下固砂强度大于 6MPa（图 5）。

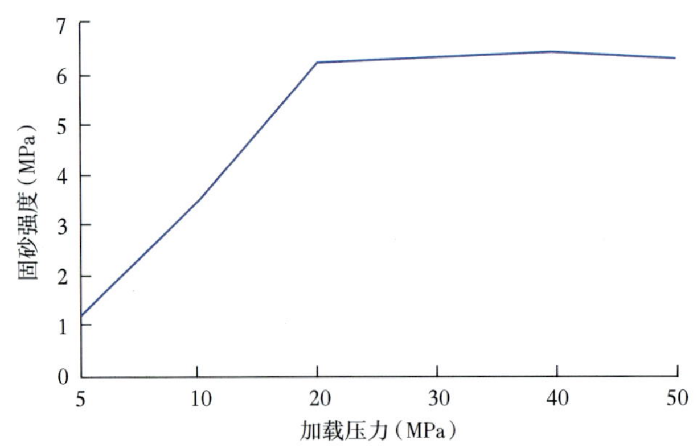

图 5　加载压力和固砂强度关系曲线图

铺砂浓度为 10kg/m²，加热温度为 40℃，加载压力为 20MPa，将胶结块放入 1.2%的氢氧化钠溶液中浸泡 24h，测定裂缝导流能力保持率在 80%以上(图 6)。

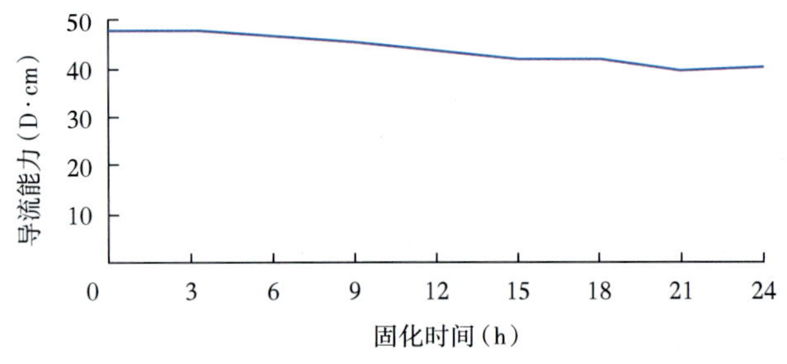

图 6　固化时间和导流能力关系曲线图

3.3 固砂剂优化

分别建立了催化剂、固砂剂用量的经验公式：

$$Q = 0.25\pi r^2 h \tag{1}$$

$$q = 0.008Q \tag{2}$$

式中　Q——固砂剂用量，kg；

r——固结半径，m；

h——铺砂浓度，kg/m²；

q——催化剂用量，m³。

根据式（1）计算不同施工参数条件下固砂剂的用量，如表 3 所示。

表 3　不同施工参数条件下固砂剂的用量表

铺砂浓度（kg/m²）	固结半径（m）	固砂剂用量（kg）	催化剂用量（m³）
5	5	100	0.8
5	8	270	2.2
5	10	430	3.4
8	5	170	1.4
8	8	440	3.5
8	10	700	5.6

4 现场应用

截至 2023 年底，共统计喇嘛甸油田化学固砂压裂井 264 口、常规压裂对比井 22 口，统计结果如表 4 和表 5 所示。

表 4　喇嘛甸油田油井固砂压裂效果及对比井统计表

区　块	施工井数（口）	计产井数（口）	压裂前			压裂后			差　值	
			日产液量（t）	日产油量（t）	含水率（%）	日产液量（t）	日产油量（t）	含水率（%）	日产液量（t）	日产油量（t）
LNZD	48	43	21.0	1.49	92.9	58.4	4.94	91.5	37.4	3.45
LNZX	76	63	13.8	0.81	94.1	46.0	3.81	91.7	32.2	3.00
LBB1	10	9	25.8	0.54	97.9	59.8	1.32	97.8	34.0	0.78
LBB2	25	22	36.8	1.82	95.1	97.2	5.10	94.8	60.4	3.28
LBX21	7	6	67.4	3.70	94.5	132.5	7.90	94.1	65.1	4.20
LBX2	5	5	18.0	0.31	98.4	19.0	0.89	95.3	1.0	0.58
对比井	22	21	14.3	0.76	94.7	41.2	2.31	94.4	26.9	1.55

表5 喇嘛甸油田水井固砂压裂效果分区块统计表

区 块	施工井数（口）	投注井数（口）	压裂前		压裂后		差 值	
			日注水量（m^3）	注水压力（MPa）	日注水量（m^3）	注水压力（MPa）	日注水量（m^3）	注水压力（MPa）
LNZD	19	16	15	15.8	25	15.4	10	-0.4
LNZX	42	38	42	14.9	55	13.9	13	-1.0
LBB1	8	5	38	15.1	50	14.3	12	-0.8
LBB2	18	14	24	15.4	30	14.3	6	-1.1
LBX21	4	2	30	14.2	36	12.9	6	-1.3
LBX2	2	2	100	15.4	125	13.9	25	-1.5

统计结果显示，措施成功率99.1%，对比同区普通压裂工艺井，吐砂比降低19.3%，压裂后平均日产油量增加3.0t，压裂后平均日注水量增加11m^3，含水率下降1.4%，压裂后注水压力降低0.9MPa（图7）。

同比上一年，减少因出砂导致作业井40口，提升了油田的生产效率和经济效益，为油田的持续发展带来了积极影响。

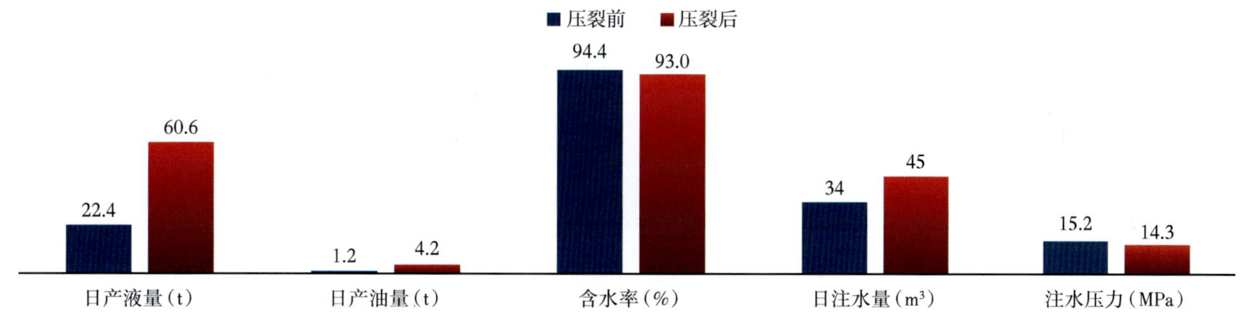

图7 固砂压裂工艺措施效果对比图

5 结 论

（1）室内实验研究证明，采用17%的盐酸作为固砂反应催化剂时，能够在保留岩层较高裂缝导流能力的同时，获得较好的固化效果。

（2）相较于普通的压裂措施井，化学固砂压裂工艺可以有效防止压裂后地层吐砂现象的发生，降本增效，显著提高了油田的生产效率和经济效益，为油田的持续发展带来了积极的影响。

（3）化学固砂压裂工艺具有施工简便、固砂效果好、成功率高、适用范围广等优点。

（4）下一步将开展化学药剂配方和施工工艺流程优化，化学固砂压裂工艺将会在油田开发中发挥重要的作用。

参考文献

[1] 吴同春. 油井化学固砂工艺研究［D］. 天津：天津大学，2009.

[2] 胡玉国，邓大智，宿辉，等. 我国化学防砂工艺技术现状与发展趋势［J］. 精细与专用化学，2002（23）：14-16.

[3] 曾庆坤，金千欢，陈文秋. 提高化学防砂效果关键技术探讨［J］. 断块油气田，1997，4（2）：64-66.

[4] 刘新锋，楼一珊，朱亮，等. 油层出砂预测及其发展趋势研究［J］. 西部探矿工程，2007（1）：56-58.

[5] 王玉纯，顾宏伟，张晓芳. 油层出砂机理与防砂方法综述［J］. 特种油气藏，1998，5（4）：63-66.

[6] 何利，王董丽. 聚驱压裂井出砂原因分析及防砂技术研究［R］. 采油工程，2007（1）：38-41.

[7] 鲍霞，闫德彬，王启蕾，等. 东营防砂配套模式的研究与应用［J］. 内江科技，2004（2）：30-31.

[8] 徐寿余，王宁. 油层出砂机理研究综述［J］. 新疆地质，2007，25（3）：283-286.

M203-平 1 井钻井设计优化与实践

杨金龙，王鹏浩，潘荣山，陶丽杰，张春祥

（大庆油田有限责任公司采油工艺研究院）

摘　要：M203-平 1 井是一口需要进行大规模压裂改造的致密油水平井。针对浅气层发育易气侵、断层易井漏、钻井效率低、平台井防碰难度大等技术难点，开展了井身结构、钻井参数、井眼轨道等设计优化，保证施工安全、降低施工难度、缩短钻井周期及保障井筒完整性，满足钻井提质提效要求。经过实钻验证：三开平均机械钻速 17.63m/h，较邻井提高 44.6%，钻完井周期 27.08d，对比邻井缩短 18.1%，含油砂岩钻遇率 100%，井身质量合格率 100%，固井质量优质，取得了较好的施工效果，对类似区块开发水平井设计具有借鉴意义。

关键词：致密油；水平井；钻井；优化；设计；施工

M203-平 1 井是 M2 区块一口先导试验水平井，该区块扶余油层平均有效孔隙度为 10.5%，渗透率中值为 0.37mD，为低孔致密储层。该类储层河道砂体变化快、规模较小，储层纵向较分散，平面连续性差，注水开发不受效，单井产量低，有效开发动用难度大。

为了推动 M2 区块扶余油层难采储量规模动用及效益建产，完善先导试验水平井钻完井技术，促进储层改造技术创新，使水平井水平段设计长度不断增加，同时压裂规模不断增大，进一步增加产能，就要求钻井井身结构、井眼轨道、固井质量和井筒完整性需要进一步优化[1-3]。因此开展了钻井设计优化，包括三开井身结构、钻井参数、双二维轨道设计、套管及水泥浆优化等设计。

1 M203-平 1 井储层基本情况

M203-平 1 井是位于松辽盆地中央坳陷区的一口开发井，该井完钻井深为 3851m，最大造斜率为 6.0°/30m，水平段长度为 1064m。分析岩心资料表明，油层有效孔隙度主要分布在 9.0%～14.6% 之间，平均为 11.3%；渗透率主要分布在 0.1～10.1mD 之间，平均为 0.81mD，属于特低渗储层。储层具有水敏程度中等偏弱—中等偏强、弱酸敏、弱速敏、盐敏程度中等、弱碱敏等特点。分析邻井 16 口井 20 层的地温资料表明，平均地温梯度在 4.70℃/100m 左右。

2 钻井技术难点

通过对 M203-平 1 井同区块已完钻井资料和地层情况分析，钻井施工过程中存在以下 4 个难点：

（1）该区黑帝庙发育气层。钻井区块内邻井在黑帝庙浅气层获工业气流，日产气量在 15004～230000m^3 之间，易发生气侵。

（2）在 N2 段钻遇断层，断点垂深为 970m，断距为 35m，易发生井斜和井漏；N5 段至 N3 段地层硬夹层较多，易发生井斜。

（3）设计井与两口井共用平台，并且与一口井在轨道平面图上相交，同时地下管网密集交错，轨道设计需考虑绕障，导致防碰难度增加。

（4）考虑同区块邻井由于施工压力大导致套管损坏，因此钻井施工过程中保障井筒完整性难度大。

第一作者简介：杨金龙，1989 年生，男，工程师，现主要从事钻井设计及相关科研工作。

邮箱：yang-jinlong@ petrochina. com. cn。

3 钻井设计优化

针对以上技术难点，为了保障钻井安全施工，钻井设计过程中对井身结构、钻井参数、井眼轨道、套管和水泥浆等方面进行了优化。

3.1 井身结构优化

考虑设计井黑帝庙浅气层发育，葡萄花油层注水开发，预测压力系数为 1.43。综合考虑以下 3 方面因素。

（1）井控因素：根据孔隙压力梯度、破裂压力梯度、岩性剖面及考虑储层保护，优化井身结构和套管程序，并满足井控要求。同一裸眼井段中有两个孔隙压力梯度差超过 0.3MPa/100m 的油气水层，应设计技术套管。葡萄花油层原始孔隙压力系数为 1.15~1.43，扶余油层原始孔隙压力系数为 0.89~1.21。

（2）地质因素：黑帝庙浅气层发育；N2 段发育大段泥岩，易吸水剥落；同时，预计 N2 段钻遇断层，易井漏；葡萄花油层注水开发，压力较高，容易造成井下复杂。

（3）工程因素：井底闭合距为 1571m，偏移距为 131.91m，储层较薄，井眼轨迹难以控制，钻井周期长。

结合以上影响因素及施工区块漏失风险和注水开发程度等因素，综合判断施工风险和难点，遵循“提速度、保质量、降成本”原则，优化设计三开井身结构（图 1）。

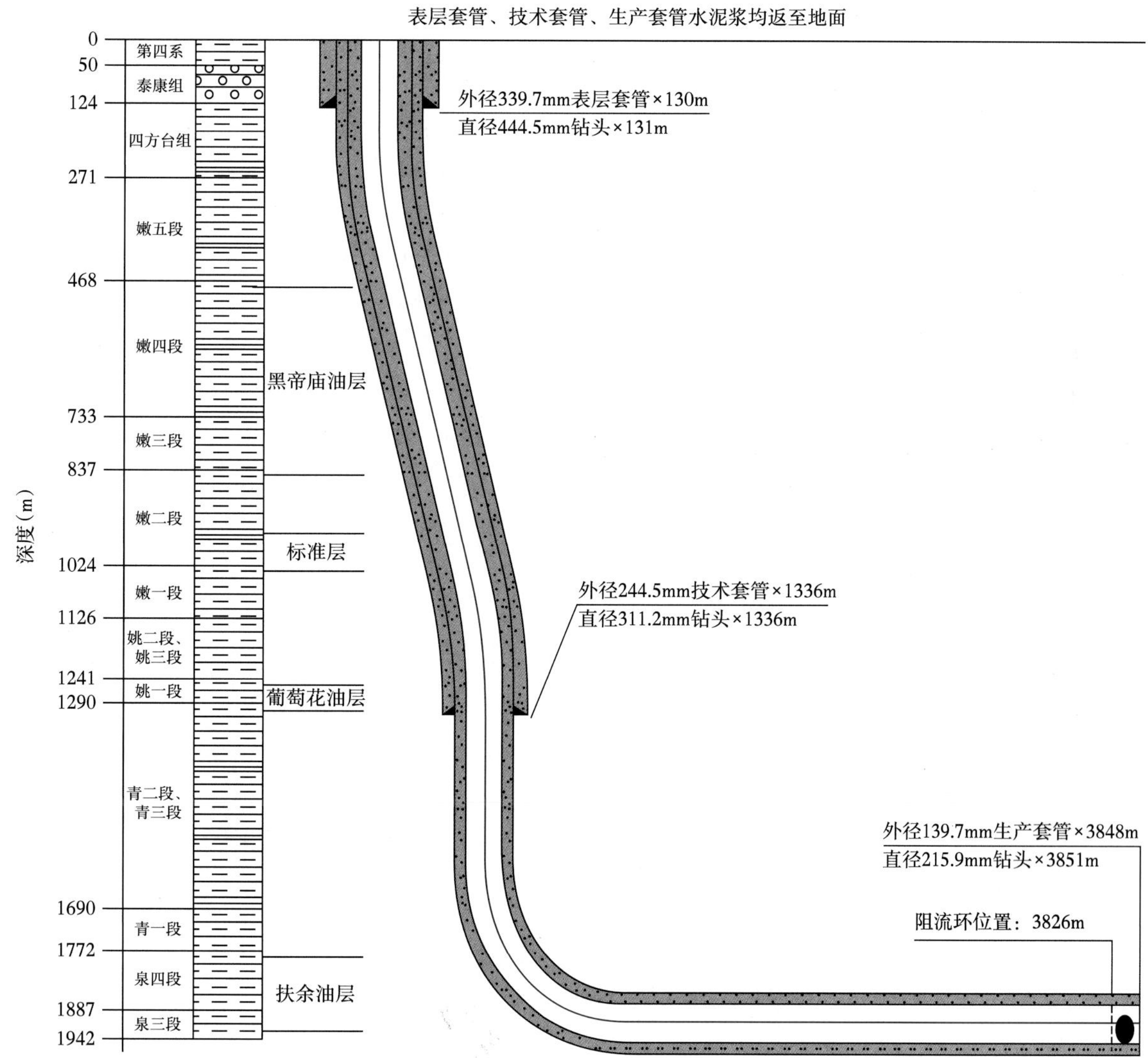

图 1　井身结构示意图

3.2 钻井参数优化

为了保证井筒清洁、减少井下复杂、提高钻井效率，针对 M203-平 1 井地层岩性特征，对钻压、排量、转速、泵压等钻井参数进行了设计优化。水平段排量优化为 34～38L/s，转速优化为 100～120r/min，钻压优化为 6～10t，优化后岩屑床厚度降低了 56%。钻井参数优化如表 1 所示。

表 1　钻井参数优化数据表

参　数	优化前	优化后
钻压（t）	9～15	6～10
排量（L/s）	29～32	34～38
转速（r/min）	44～90	100～120
泵压（MPa）	20～25	25～35
扭矩（kN · m）	16～22	25～35

3.3 井眼轨道设计优化

针对大平台三维水平井井眼轨道优化和防碰绕障等问题，通过优选轨道设计模型和设计参数，实现降低造斜率、提高分离系数，从而降低施工难度和防碰风险；由三增剖面优化为双二维轨道设计，摩阻降低 12.68%，扭矩减少 15.42%，实现降摩减阻。通过对 M203-平 1 井和同平台其他两口井防碰扫描分析，防碰最小距离为 8.0m（井口间距），最小分离系数为 1.67，满足 SY/T 6396—2014《丛式井平台布置及井眼防碰技术要求》，保障高效安全施工。轨道设计主要参数对比如表 2 所示。

表 2　轨道设计主要参数对比表

模　型	偏移距（m）	水平段长（m）	造斜率（°/30m）	设计井深（m）	大钩载荷（t）	最大扭矩（kN · m）	最大摩阻（t）
双二维	131.91	1064.0	2.0/2.0 / 4.8 / 5.8 / 6.0	3851	87.95	20.90	22.45
三增			5.5 / 5.6 / 6.0	3910	90.85	24.71	25.71

3.4 套管设计优化

考虑同区块邻井压裂施工压力最大为 60MPa，为确保压裂效果和施工安全，需对生产套管进行三轴强度校核。依据套管校核结果和施工压力，生产套管选用钢级 P110、壁厚 9.17mm 套管，以提高固井质量，保障井筒完整性。

3.4.1 套管抗内压强度计算

套管在内外压力、轴向力作用下的三轴抗内压强度计算公式为：

$$p_{ba}=p_{bo}\left[\frac{r_i^2}{\sqrt{3r_o^4+r_i^4}}\left(\frac{\sigma_a+p_o}{Y_p}\right)+\sqrt{1-\frac{3r_o^4}{3r_o^4+r_i^4}\left(\frac{\sigma_a+p_o}{Y_p}\right)^2}\right] \tag{1}$$

其中，

$$p_{bo}=0.875\left(\frac{2Y_p\delta}{d_c}\right) \tag{2}$$

式中　p_{ba}——三轴抗内压强度，MPa；
p_{bo}——管体损坏时的强度，MPa；
r_i——套管内半径，mm；
r_o——套管外半径，mm；
σ_a——轴向应力，MPa；
p_o——管外液柱压力，MPa；
Y_p——管材屈服强度，MPa；
δ——壁厚，mm；
d_c——套管外径，mm。

3.4.2 生产套管设计

根据套管抗内压强度计算方法，使用固井软件进行套管强度校核，同时考虑压裂施工压力，生产套管设计钢级 P110、壁厚 9.17mm 套管，校核结果如表 3 所示，校核图如图 2 所示。

表3　生产套管规范和强度校核数据表

开钻次序	井段(m)	外径(mm)	钢级	壁厚(mm)	抗外挤载荷与强度			抗内压载荷与强度			轴向载荷与强度		
					理论强度(MPa)	最大载荷(MPa)	安全系数	理论强度(MPa)	最大载荷(MPa)	安全系数	理论强度(kN)	最大载荷(kN)	安全系数
三开	0~3848	139.7	P110	9.17	76.53	27.34	2.80	87.10	23.37	3.73	2851.3	639.7	4.46

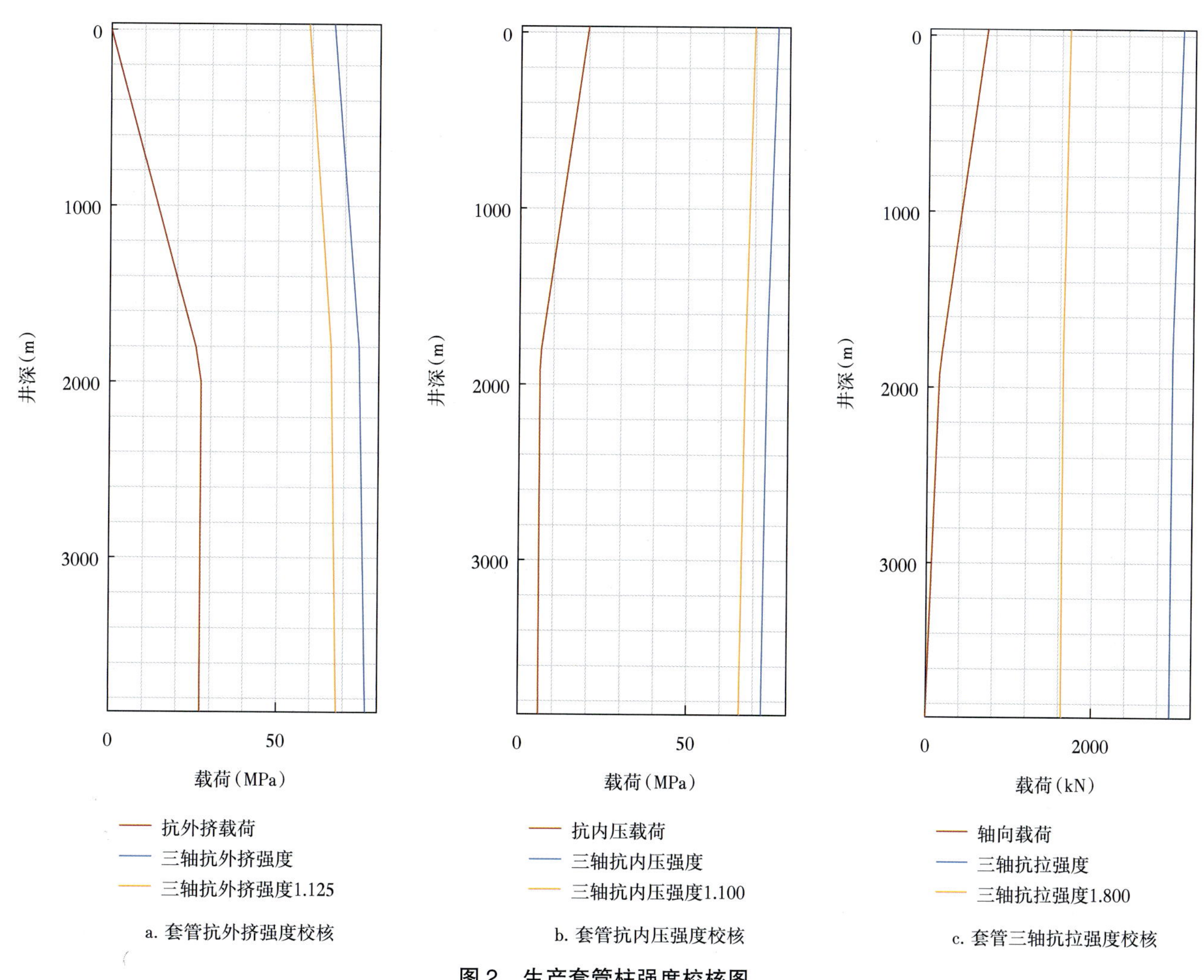

a. 套管抗外挤强度校核　b. 套管抗内压强度校核　c. 套管三轴抗拉强度校核

图2　生产套管柱强度校核图

3.5 水泥浆优化设计

大规模压裂施工容易导致水泥环—套管—地层之间产生微裂纹，易引发环空窜气，破坏井筒完整性，降低生产井使用年限[4-8]。需对套管居中度、水泥浆性能、施工排量等参数进行设计，制定固井技术措施，确保固井质量。

以“井眼净化、扶正居中、高效顶替、理想填充”为原则，优化固井方式及水泥浆体系性能，保证固井施工安全。表层套管采用插入式固井，技术套管采用常规固井，生产套管使用双密度固井。采用一体式弹性扶正器提高居中度，应用YJC冲洗液提高顶替效率，固井水泥浆均返至地面，以提高固井质量、保障井筒完整性。各开次固井方式及水泥浆配方如表4所示。

表 4 各开次固井方式及水泥浆配方表

套管程序	固井方式	水泥浆返深	水泥浆配方	密度（g/cm³）
表层套管	插入式固井	地面	A 级水泥+早强剂	1.90
技术套管	常规固井	地面	A 级水泥	1.90
		葡萄花油层顶以上 100m	A 级水泥+防窜外加剂	1.95
生产套管	双密度固井	地面	高强低密度水泥	1.60
		扶余油层顶以上 100m	韧性水泥	1.90

4 现场施工效果

M203-平 1 井钻完井周期为 27.08d，相对邻井钻完井周期缩短 6.0d，三开平均机械钻速为 17.63m/h，较邻井提高 44.6%。

施工过程中未发生气侵、井漏、井塌等井下复杂情况，含油砂岩钻遇率为 100%，井身质量合格率为 100%，固井质量优质。

通过优选双二维轨道设计模型，实际施工过程中，摩阻降低 4.0t，扭矩减少 3.0kN · m，实现了降摩减阻，保障高效安全施工。

生产套管选用的钢级 P110、壁厚 9.17mm 套管，提高了套管屈服强度，满足了大规模压裂需求，有效保证了井筒完整性。

5 结　论

（1）通过对井身结构、钻井参数、轨道设计、套管和水泥浆的优化设计，确保了钻井施工安全、优质、高效。

（2）优化形成的钻井设计模板，对相似致密油区块大平台三维水平井钻井设计具有参考意义。

（3）强化储层特征精细刻画，提高储层的认识程度，加强现场轨迹精细调整，提高砂岩钻遇率，保证井眼规则和固井质量是致密油水平井效益开发的关键所在。

（4）从近几年致密油水平井钻井施工经验看，钻井速度仍有提升空间，建议后续设计与施工仍需重点关注钻井提速问题，优选长寿命螺杆和高稳定性随钻测量仪器，实现“一趟钻”是钻井提速增效的必要手段。

参考文献

[1] 陈鹏. 国内复杂结构井井身结构优化技术及应用现状［J］. 化学工程与装备，2023，10（10）：91-93.

[2] 曹刚，白璐，马洪亮，等. 大井丛多层系立体开发钻井一体化设计技术在 HQ802 建产区的研究与应用［J］. 石化技术，2023，30（9）：32-35.

[3] 王建华，闫丽丽，谢盛，等. 塔里木油田库车山前高压盐水层油基钻井液技术［J］. 石油钻探技术，2020，48（2）：29-33.

[4] 刘少然，沈宝明，高玉堂，等. 导眼井与水平井轨道一体化设计方法［G］//大庆油田有限责任公司采油工程研究院. 采油工程 2023 年第 2 辑. 北京：石油工业出版社，2023：38-42.

[5] 马英文，杨进，李文龙，等. 渤中 26-6 油田发现井钻井设计与施工［J］. 石油钻探技术，2023，51（3）：9-15.

[6] 张永清. 中浅层油藏水平井井身结构设计技术及应用［J］. 西部探矿工程，2023，35（4）：60-65.

[7] 杨金龙. LN-平 1 浅层储气库先导试验水平井钻完井关键技术［J］. 西部探矿工程，2023，35（12）：73-76.

[8] 侯卓识，郭涛，艾利国，等. 大庆油田深层气开发钻完井关键技术应用与实践［G］//大庆油田有限责任公司采油工程研究院. 采油工程 2023 年第 1 辑. 北京：石油工业出版社，2023：39-43.

大庆油田套管头选用分析研究

刘美玲，李继丰，马金龙，王伟东，韩德新

（大庆油田有限责任公司采油工艺研究院）

摘　要：套管头密封各层套管的环形空间，承受套管的重量及套管环空的压力，是重要的井口装置。套管头种类多，各部件参数繁杂，其选用需要考虑井的用途、现场实际工况、后期增产措施、材质级别、耐压强度、耐腐蚀性能和密封性能等，是一项综合性强的技术。随着大庆油田勘探开发不断深入，以及致密油井、页岩油井、储气库等的推广应用，套管头选用方法及安装需要规范。因此从环境因素和施工因素两个方面，开展对套管头性能参数选用的分析，对套管头安装和养护做了要求，并实例分析了现场4种井况下所选用的套管头。通过以上的研究，规范了套管头使用类型，丰富和完善了套管头性能要求，为大庆油田套管头选择提供了指导作用。

关键词：简易套管头；标准套管头；材质级别；悬挂方式；套管头安装

钻井过程中，套管头上部是防喷器，下部是套管，它的作用是连接和悬挂各层套管，密封各层套管的环形空间。完井后，套管头上部是采油树，它是井口连接与支撑的装置。套管头需要满足在高温、高压、腐蚀等恶劣环境下井口装置的安全、密封、可靠等条件。套管头的质量直接影响着一口井的钻井安全和生产安全，套管头选择不合适或者使用不规范，如密封性差、损坏、渗漏和坐挂不到位等，容易引起环空带压[1-3]，造成安全隐患。如钻进中途或后期更换套管头，则操作繁琐，增加成本，影响油气井生产。

1 影响因素

影响套管头性能的环境因素有最大储层压力、温度、腐蚀气体含量等。

1.1 储层内气体及注入气体成分

储层气体成分直接影响套管头材质的选择。一般是将含硫化氢和二氧化碳的天然气称为酸性天然气，这种天然气对金属具有腐蚀性，含量越高，腐蚀性越重。考虑储层中二氧化碳、硫化氢的气体含量，计算出不同气体的分压，根据气体分压选择套管头材质级别[4]（表1）。储气库井不仅要考虑储层中的腐蚀性气体，还要考虑注入储层的气体气源是否含酸性气体，注入气体如果是酸性气体，也同样影响套管头材质的选择。

表1　套管头材质选择表

材质级别	工况特征	硫化氢分压（10^{-5}MPa）	二氧化碳分压（10^{-3}MPa）
AA	一般使用无腐蚀	<34	<48.26
BB	一般使用轻度腐蚀	<34	<206.84
CC	一般使用中到高度腐蚀	<34	≥206.84
DD	酸性环境无腐蚀	≥34	<48.26
EE	酸性环境轻度腐蚀	≥34	<206.84
FF	酸性环境中到高度腐蚀	≥34	≥206.84
HH	酸性环境严重腐蚀	≥34	≥206.84

第一作者简介：刘美玲，1984年生，女，高级工程师，现主要从事钻井工程设计及科研工作。
邮箱：liushunliliumeili@126.com。

1.2 环境温度

套管头应能在最低和最高温度的范围下工作，最低温度是可承受的最低环境温度，最高温度是可直接接触到的流体最高温度。套管头有 8 个温度等级（表 2），大庆油田套管头一般选择的温度等级为 P—U（−29~121℃）。

表 2　套管头额定工作温度表　单位：℃

序号	级别	最低温度	最高温度
1	K	−60	82
2	L	−46	82
3	N	−46	60
4	P	−29	82
5	S	−18	60
6	T	−18	82
7	U	−18	121
8	V	2	121

1.3 储层压力

若钻井后期没有压裂施工，套管头压力级别需要考虑最大储层压力。标准套管头常用的压力级别有 14MPa、21MPa、35MPa、70MPa、105MPa 和 140MPa。套管头的压力级别应大于最大储层压力。例如，若井深为 2000m，储层压力系数为 1.4，计算储层压力为 27.5MPa，套管头压力级别应选择 35MPa。

2 施工因素

影响套管头性能的施工因素有后期施工压裂规模、井的类别、固井方式等。

2.1 施工压裂规模

套管头额定工作压力应能承受和（或）控制最大内压。储层压力和压裂施工规模直接影响套管头压力级别的选择，而压裂施工压力往往大于储层压力。根据储层发育情况，目前主要压裂工艺有坐压多层、连续油管水力喷射环空加砂和套管桥塞压裂三种，其中前两种压裂施工压力为 40~50MPa，后者压裂施工压力为 50~70MPa。采用前两种压裂的致密油斜直井，井口使用简易套管头；采用后者压裂的致密油斜直井，井口使用标准套管头。大庆油田致密油水平井和页岩油井开发致密储层，需要大规模压裂施工，井口使用标准套管头；针对开发葡萄花油层的调开井，井深比较浅，不需要大规模压裂，井口使用简易套管头。

2.2 井的类别

大庆油田天然气井、储气库井、二氧化碳驱注采井，与气体接触，井口使用标准套管头。为了提高套管头的密封性能，建议使用金属和橡胶双密封套管头。

探井、“三高”油气井、高气油比采油井，井控风险级别为一级，井口使用标准套管头。

2.3 固井方式

套管头悬挂器分为芯轴悬挂器和卡瓦悬挂器，它们的固井坐挂施工顺序有区别，前者先坐挂后固井，后者先固井后坐挂。

采用尾管悬挂回接方式固井，施工流程比较复杂，固井前要上提套管，碰压后，套管下放，将回接头插入回接筒内。若是使用芯轴悬挂器，套管头先坐挂，在套管上提和下放的过程中，不断摩擦芯轴悬挂器的金属密封处，容易导致密封处失效。所以采用尾管悬挂回接方式固井，所使用的套管头宜选择分体式卡瓦悬挂方式，其他井可选择卡瓦或芯轴悬挂方式[5-6]。悬挂器的设计应能保证同规格的芯轴悬挂器和卡瓦悬挂器互换使用。

3 套管头类型

大庆油田油气井套管头分为简易套管头和标准套管头。

3.1 简易套管头

简易套管头适合施工规模小、无有毒有害气体的井，具有结构简单、安全可靠、操作容易、维护方便和经济实用的特点。

简易套管头主要由套管头本体、悬挂器、顶丝总成、环铁等连接件组成（图 1），上部采用法兰连接，下部采用外螺纹连接，使用金属密封悬挂器。

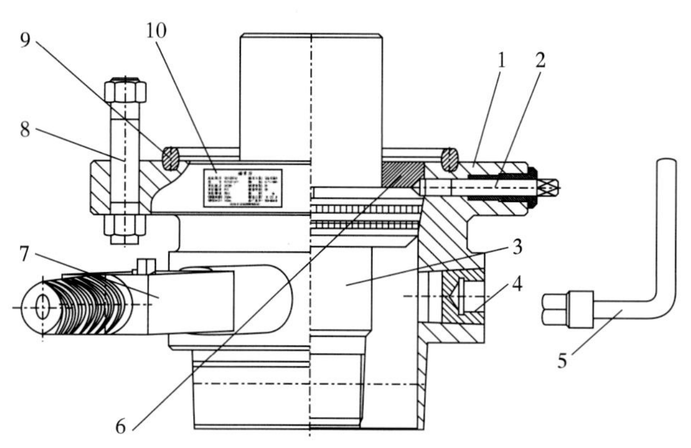

图 1　简易套管头结构示意图

1—套管头本体；2—顶丝总成；3—悬挂器；4—丝堵；5—扳手；6—环铁；7—球阀总成；8—螺栓；9—密封垫环；10—标牌

3.2 标准套管头

钻井和完井施工存在难度和危险，需要使用标准套管头，以保证施工安全。标准套管头主要由套管头本体、悬挂器、平板闸阀、底座等连接件组成（图 2），具有承载能力大、密封可靠等优点。

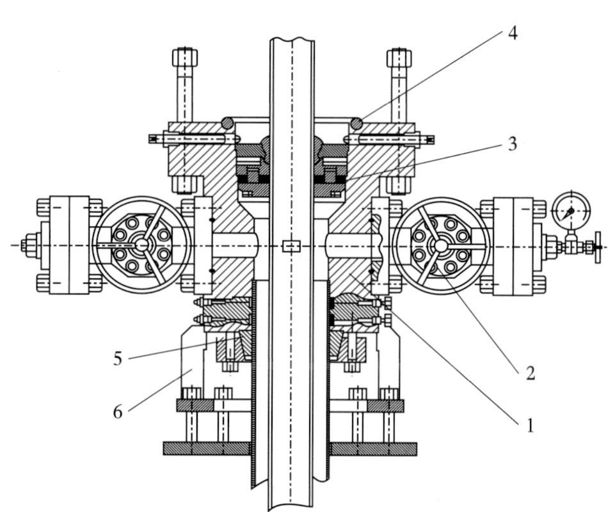

图 2　标准套管头结构示意图

（悬挂类型为卡瓦，压力级别为 70MPa）

1—套管头本体；2—平板闸阀；3—悬挂器；4—密封垫环；5—倒卡瓦；6—底座

4 套管头安装及使用要求

4.1 套管头安装指标

通常情况下，最上面一级套管头上法兰面需高出地面 50~300mm。套管头安装后，内防喷管线都能从井架底座内平直接出。安装单级或第一层套管头本体时，应使本体侧通道出口中心线与防喷管线中心线重合在同一平面上，且主通径法兰面的水平误差应不大于 1mm。套管头要与地面垂直，偏斜度小于 0.2°。注塑和试压满足 SY/T 6789—2010《套管头使用规范》[7]。

4.2 套管头养护

套管头到达井场后应对钢圈槽、螺纹等密封部位进行检查、养护。套管头试压后，安装防磨套并固定牢固。每次起下钻前，应检查防磨套，防磨套壁厚偏磨超过 30%时应更换。

5 现场应用

5.1 天然气井套管头选择

Zs16-p3 井完钻垂深为 3387.74m，井身结构为 ϕ339.7mm ×ϕ244.5mm ×ϕ139.7mm，尾管悬挂段不固井，回接段固井，储层二氧化碳气体含量为 25.5%，无硫化氢气体，地温梯度为 3.87℃/100m，储层压力系数为 1.10，施工工艺采用裸眼投球分段一体化压裂完井工艺。

根据储层气体成分，计算二氧化碳分压为 9.32MPa，套管头材质选择 FF 级；套管头悬挂方式为卡瓦悬挂；气井的密封方式严格，套管头选择金属橡胶双密封，套管头压力级别选择 105MPa。

5.2 致密油井套管头选择

P333-fp1 井完钻垂深为 1624.09m，井身结构为 ϕ339.7mm×ϕ244.5mm×ϕ139.7mm，一次性固井，储层无硫化氢和二氧化碳气体，地温梯度为 3.58℃/100m，储层压力系数为 1.50。该井开发致密储层，需要大规模压裂，施工压力应为 60MPa

以上。

储层无腐蚀性气体，套管头材质选择 AA 级。套管头悬挂方式可选择卡瓦或者芯轴悬挂，采油井密封方式选择橡胶密封，套管头压力级别选择 70MPa。

5.3 浅层储气库井套管头选择

Sks-p1 井完钻垂深为 574.79m，井身结构为 ϕ273.1mm×ϕ177.8mm×ϕ114.3mm，悬挂筛管完井不回接。储层二氧化碳气体含量为 0.26%，无硫化氢气体，地温梯度为 6.04℃/100m，储层压力系数为 0.98，储气库井因其特殊性后期不压裂。

储层含有微量的二氧化碳气体，计算二氧化碳分压为 0.0145MPa，考虑储气库运行年限较长，所以套管头材质选择 BB 级；气井套管头选择金属橡胶双密封；储气库运行压力为 8MPa，套管头额定工作压力的 70%必须大于生产调节气田最大运行压力，考虑后期注气量变化，所以选择套管头压力级别为 21MPa。

5.4 葡萄花油层井套管头选择

N292-p336 井完钻垂深为 1331.86m，二开井身结构为 ϕ244.5mm×ϕ139.7mm，开发葡萄花油层，无二氧化碳和硫化氢气体，地温梯度为 4.5℃/100m，储层压力系数为 1.25。

该井属于大庆油田开发葡萄花及以上油层的调开井，后期不进行大规模压裂，因此选择简易套管头。

6 结　论

（1）根据现场实际井况和井的用途，选择适合的套管头类型，可达到安全施工和安全生产的目的。

（2）为了避免和减缓压裂施工时压裂井口与套管头连接部件剧烈振动的情况，建议施工单位应及时观察和加强压裂井口的稳定性，保证压裂施工安全。

（3）套管头设计主要考虑压裂工艺，建议在钻井设计前，能够明确压裂工艺，为套管头设计提供依据。

参考文献

[1] 钱福和．采气井套管头换装技术的应用 [J]. 西部探矿工程，2021（8）：105-106.

[2] 董风波，陆昌存，张毅，等．文 96 储气库井更换套管头技术与应用 [J]. 内蒙古石油化工，2014（9）：95-97.

[3] 张亚明，王海军，李军，等．苏桥储气库群老井套管头选型与更换 [J]. 石油钻采工艺，2014，36（6）：109-111.

[4] 张仲智．大庆套管头应用技术浅析 [J]. 西部探矿工程，2017（9）：12-15.

[5] 王俊．卡瓦式套管头可靠性分析 [J]. 新技术新工艺，2014（9）：110-113.

[6] 赵敏．单级双悬挂功能套管头技术研究 [J]. 工艺技术，2021（13）：195-196.

[7] 套管头使用规范：SY/T 6789—2010 [S].

长垣老区密井网零散更新井控压钻井技术应用

赵东亮，宋利军，董玉辉，王月英

（大庆油田有限责任公司钻探工程公司）

摘　要：长垣老区密井网区块水驱与化学驱并存，具有井网层系多、井网密度大、压力系统复杂等特点，采取常规钻完井方式进行零散更新井施工存在安全风险高、固井质量保障难、井区产量影响大等问题。控压钻井技术以井区动态压力预测为依据，建立有限控注标准；通过精准控制环空压力有效平衡地层压力，实现安全钻进；采用“双凝防窜水泥浆体系+控压候凝”技术提高固井质量。该项技术将钻关范围从300m缩小至50m，50~150m范围内的注入井实施减压控注，钻关井数大幅减少，大大减少了对300m范围产量的影响，及时完善了化学驱区块的井组注采关系，保证了注剂段塞的连续性，提高了驱替效率。控压钻井技术对提高长垣老区井组及整体开发效果起到了重要作用。

关键词：控压钻井技术；密井网；零散更新井；50m钻井关控；固井技术

大庆油田长垣老区属于三角洲沉积体系，亚相全，砂体类型多。纵向上发育多套砂岩，含油井段长、层数多；平面上相变剧烈，储层非均质性强。为了保持产量稳定和阶段接续，采用行列井网、不规则四点法、反九点法、五点法多套井网分别开发不同层系油层，目前不同区域井网已经多达5~9套。虽然萨尔图、葡萄花和高台子油层分段开发、自成体系，但平面上层系井网交叉、井网间井距不均匀[1]，最大井网密度已超过200口/km^2。同时为了进一步提高采收率，1995年以来对长垣老区的中高渗透油层实施了聚合物驱和三元复合驱[2]。另外随着各套层系开发年限及措施改造率的增加，注采井管柱问题也逐年增加，部分井套损后难以修复，只能报废，造成井组井点缺失、地下压力场不均衡的情况，严重影响开发效果[3]。采取控压钻完井技术进行零散更新井施工，能够将钻井关控范围从300m缩小至50m（50~150m范围内的注入井实施减压控注），有效解决了裸眼段各小层多压力系统、窄安全密度窗口钻完井难题，能够在有限控注条件下对零散更新井实现安全钻完井，减少大范围钻关对产量的影响，并及时完善注采关系。

1 零散更新井技术难点

长垣老区区块开发层系多，地层压力系统复杂。钻井施工具有安全密度窗口窄、周围注入井注入压力高、井区水驱与化学驱并存、套损严重且部分区块发育气顶气等施工难点。

1.1 压力预测准确率较低

聚合物属非牛顿流体，且为段塞方式注入，每个阶段注入参数不同，化学驱层位压力分布十分复杂，压力预测难度大；低渗透油层厚度及孔渗性变化大，部分低渗透油层不符合达西渗流规律，给压力预测工作带来较大难度，准确率相对较低，影响了钻完井工程方案的制定。

1.2 钻井施工风险高

长垣老区大部分区块已有5套以上井网，井网空间位置关系错综复杂。若同井场注入井（距

第一作者简介：赵东亮，1982年生，男，工程师，现主要从事钻井工程方面工作。

邮箱：zhaodongliang@ cnpc. com. cn。

离待钻井30~50m）不钻关，存在较大事故风险。以D1-更1井为例，该井注入压力为10.31MPa，如该井不钻关，推算S2组中部地层压力达18.3MPa，地层压力系数为2.25；推算G3组最低地层压力为10.1MPa，地层压力系数为0.89，层间压力系数差达1.36，压稳高压层钻井液密度需要达到2.35g/cm^3，该区破裂压力系数1.97左右，易造成井漏。若待钻井周围注入井不停注，开井的注入井为持续供应的水源，会使层间压差显著增大，井底压力控制难度大，一旦发生水侵，将在注入井和新钻井之间迅速形成大孔道，注入液将集中涌入新钻井井筒，造成大量出水而引发井塌、卡钻等事故，井喷风险及环保风险高，设备投入、管理成本增加。

1.3 固井质量保证难度大

长垣老区多年钻井实践表明，压力系数超过1.75，固井质量优质率下降约20个百分点；地层压力系数超过1.90，固井质量很难达到合格标准。不钻关条件下，地层压力系数在2.20以上，固井质量达标难度大。固井和候凝期间，不但要解决高压层防窜问题，还要考虑储层流体高流速的影响，固井质量难保证，不钻关将显著提高储层流体流速，高流速流体冲刷和稀释水泥浆，造成固井质量变差。

2 零散更新井控压钻井主要技术

近年来长垣老区密井网井区零散报废井实施更新，为保证安全钻完井，待钻井区注入井配合钻关范围约为300m，按目前井网密度测算，每钻1口更新井，配合钻井关控井数平均为21口；同时为确保钻井期间压力稳定，需要在钻前15d对其周围注入井实施关井，直至待钻井完钻固井完毕24h后分阶段恢复注水，全过程长达20d以上，配合关控井少产油700t以上。

控压钻井技术以动态压力预测为依据、最优控注为原则、精准控制环空压力为手段，在有限控注条件下实现零散更新井安全钻完井施工，有效解决常规零散井钻井导致周围注入井大面积钻关影响产量和开发效果的难题。

2.1 井区动态压力预测技术

通过建立地层压力预测模型，并结合邻井工程地质资料，进行精细适应性评价和安全窗口风险评估[4]，制定减注降压标准，确定控压钻井液密度及井口控压值范围，设计合理的钻控方案，压力预测与实测值相比准确度在90%以上，为多压力层系精细钻控提供依据。

2.2 控压钻井技术

控压钻井系统主要由旋转防喷器、自动节流及回压补偿系统、监测及控制系统、环空压力测量系统等组成，利用一整套设备对钻井液密度、流量、压力等参数实时监测及分析[5]。通过微流量监测、精确测量或水力学模型计算井底压力，实现安全密度窗口的准确界定。将计算或测量的井底压力与设定的目标井底压力进行对比，动态调节地面压力控制设备，以满足所需的井底压力，进而实现不同工况下的自动精细控制[6]。

2.3 多压力层系控压防窜技术

为保证固井质量，通过对固井参数、注替动态模拟实现水泥浆密度及性能、水泥浆柱结构、排量、返出量等参数的精确量化和设计，采用即时混拌型与湿混型双效前置液，提高不同钻井液密度条件下的顶替效果，提升顶替效率。同时应用低温双凝双密度防窜水泥浆体系，创新应用候凝控压技术，制定完善“分段梯度凝结+分时压力控制”为核心的配套技术措施，缩短下部水泥浆凝结时间，并延长上部水泥浆凝结时间，确保有效液柱压力传递，避免层间窜及压稳高压层，实现固井质量达标。

3 现场应用

目前控压钻井技术针对不同区域地质条件形成精细+套管、精细+钻杆、常规控压、重浆帽钻井4种方式，并在钻控、钻进、起下钻、测井、固井5个重点环节形成10项关键技术，建立施工技术模板，能够在多种类型的密井网井区实现安全钻完井。

3.1 复杂压力套损井区钻杆控压钻井

待更新井所在密井网井区有 7 套井网分别开采不同类型油层，砂体渗透率、连通状况、完善程度均有不同程度的差异性，且该区域水驱与化学驱并存，注入压力差值在 3.0～5.1MPa 之间。从实测地层压力看，地层压力系数在 0.82～1.88 之间，差异较大。井区套损井数多，套损类型复杂，且套损历史较长；从历史钻井复杂情况看，600～1000m 管外冒、井漏、井涌、水侵、油气侵均有存在，井数在 7～17 口之间。套损井区控压钻井基本情况如表 1 所示。

表 1　套损井区控压钻井基本情况表

井号	井别	井深（m）	注入压力（MPa）		油顶深度（m）	地层压力系数	450m 套损情况		600～1000m 复杂情况显示	
			水驱	化学驱			井数（口）	类型	井数（口）	类型
X1-更 P2	注	1230	11.2	7.5	873	1.01～1.88	41	成片套损	17	管外冒、井漏、井涌、水侵、油气侵
X1-更 P3	注	1185	12.1	7.0	830	0.89～1.88	56	成片套损	10	管外冒、井漏、水侵
X1-更 P4	注	1250	12.1	8.8	995	0.82～1.88	28	成片套损	8	管外冒、井涌、水侵、油气侵
X1-更 P5	注	1111	11.6	7.1	823	0.82～1.88	58	成片套损	7	管外冒、井漏、水侵
X1-更 P6	注	1125	11.9	8.9	824	0.82～1.88	64	成片套损	7	管外冒、井漏
X1-更 P7	采	1111	11.9	8.9	818	0.82～1.88	64	成片套损	7	管外冒、井漏

注：井网为 7 套。

X1-更 P4 井区多套层系井网并存，450m 范围内注入井 28 口，周边多口油水井发生套损，标准层套损井 8 口，其中 4 口井有错断历史，1 口井取换套后吐淤泥。该井区压力系统复杂，错断井发现时间不集中，且套损井发现具有滞后性，发现前注入量无法测算，多个时间点都有侵入可能，未证实的问题井也存在侵入隐患。由于标准层反复套损，已形成高压浸水区域，因此待钻井 X1-更 P4 井钻进过程中水侵风险大。

X1-更 P4 井在实际控压钻进过程中发生水侵，但在提前做好预案的基础上，第一时间监测到溢流，及时评估调整安全密度窗口，在溢流有控制的情况下实现安全钻至设计井深，并成功完井，体现出控压钻井技术在套损后的复杂压力井区更具优势。

3.2 浅气层及气顶气井区控压钻井

控压钻井技术除了能够在油水两相储层的复杂压力系统下实现小钻控范围的安全钻完井，在更加复杂的油、气、水三相储层中也有较强的适应性。

2022 年实施的 L8-更 2 井位于浅气层主要含气区，且在油层顶部有较大规模气顶气。L5-更 1 井同样在油层顶部有较大规模气顶气，其浅气层及气顶气井区控压钻井基本情况如表 2 所示。两口井所在井区有不同程度的套损发生，历史上钻井有过井漏和油、气、水侵的情况发生，地层压力系数很不均衡。L5-更 1 井周边井套损点如图 1 所示。

表 2　浅气层及气顶气井区控压钻井基本情况表

井号	井别	注入压力（MPa）		油顶深度（m）	地层压力系数	浅气层与气顶气发育	450m 套损情况		600～1000m 复杂情况显示	
		水驱	化学驱				井数（口）	类型	井数（口）	类型
L8-更 2	采	11.1	9.7	857	1.08～1.87	浅气层+气顶气	33	成片套损+S	6	水侵、油气侵
L5-更 1	注	12.3	12.9	868	0.91～1.72	气顶气	7	地+S+P 零散	2	井漏、气侵

注：井深为 1250m，井网为 6 套。

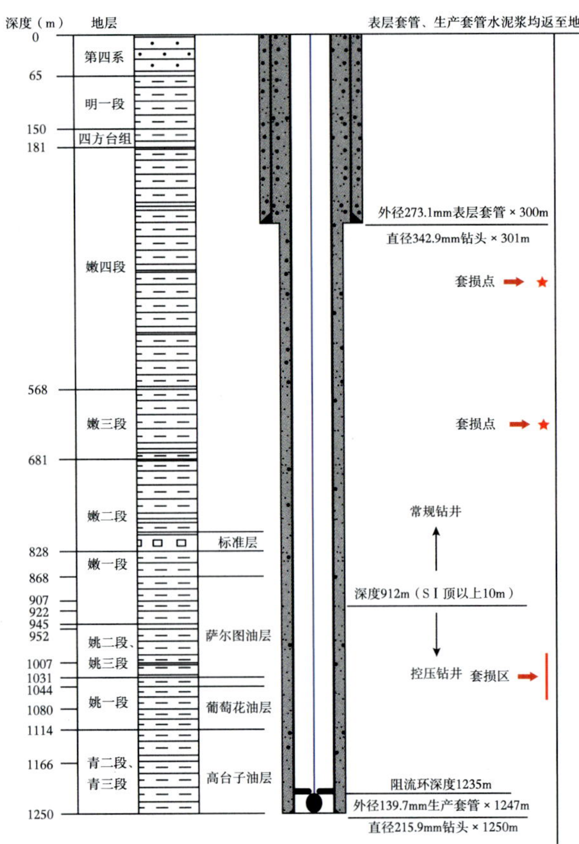

图 1 L5-更 1 井周边井套损点

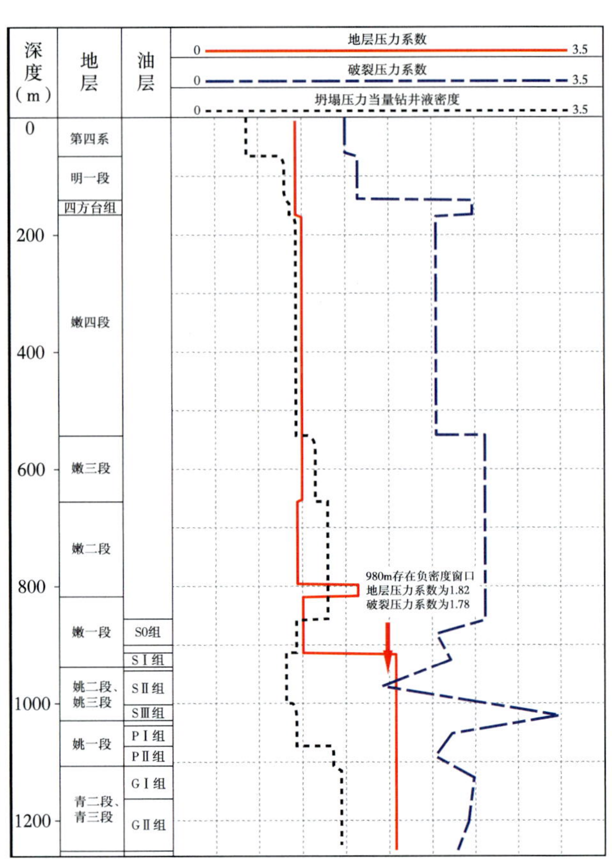

图 2 L8-更 2 井地层压力剖面图

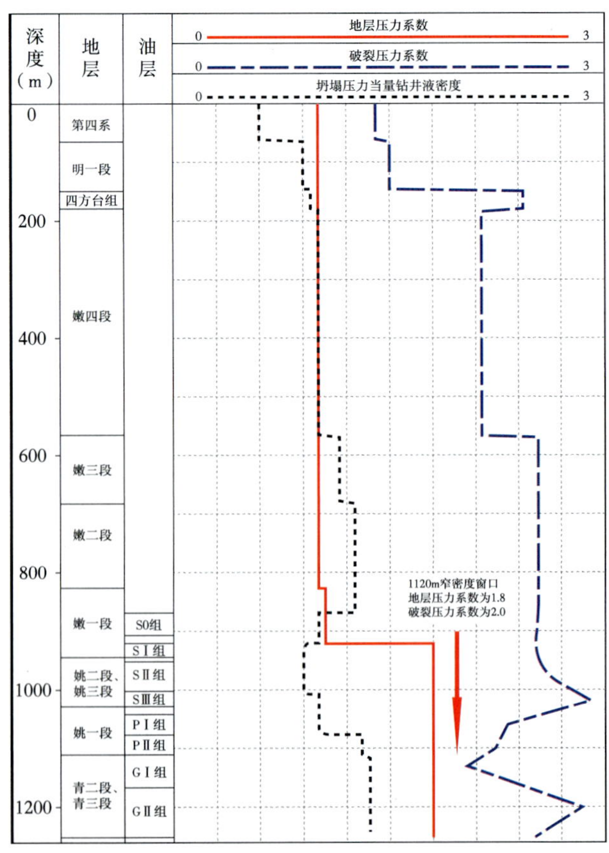

图 3 L5-更 1 井地层压力剖面图

此类井具有窄密度窗口、负密度窗口、气顶气发育、高地层压力、水驱与化学驱并存，以及流体复杂、固井质量保障困难等难点。L8-更 2 井地层压力剖面如图 2 所示，L5-更 1 井地层压力剖面如图 3 所示。针对这些难点，通过优化钻控压力和范围、合理匹配控压方式、优化钻井液性能和控压参数[7]（L5-更 1 井压力控制方案如图 4 所示）、细化 12 项工序，同时规范作业流程、建立复杂处理程序及管理流程、强化方案有效落实和生产保障，保证安全、高效、有序施工。

在固井质量保障方面，克服冬季施工影响，采用控压+双凝防窜水泥浆体系。从“井眼净化、扶正居中、高效顶替、有效压稳”4 方面制定了 11 项技术措施，并强化固井现场施工保障，固井质量取得了 24h 声变检测优质、15d 声变检测 1 口井优质及 1 口井合格的好效果。

截至 2023 年 12 月，密井网零散更新井控压钻井技术应用 34 口井，平均建井周期由试验阶段的 13.39d 缩短为 10.97d，15d 声变检测合格率为

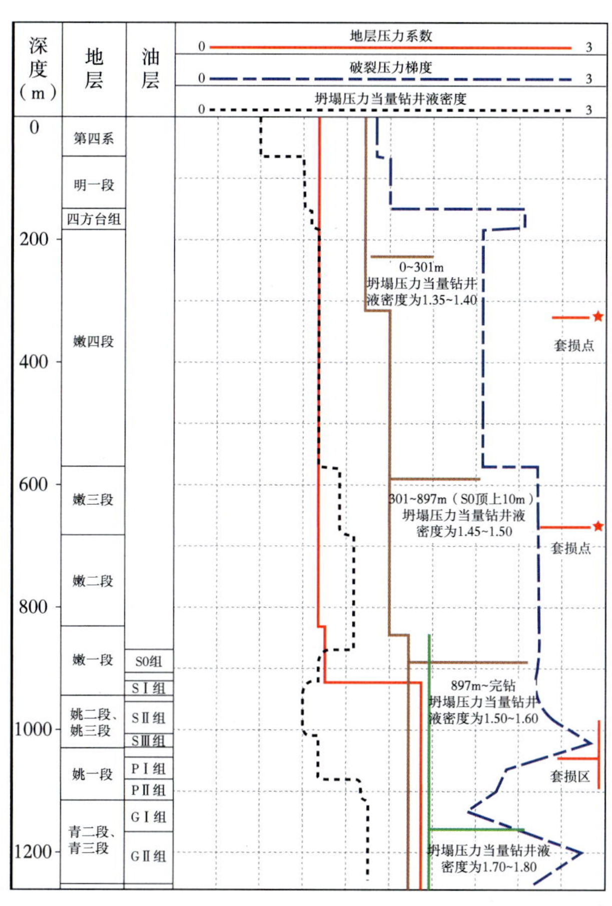

图 4　L5-更 1 井压力控制方案

100%、优质率为 64.71%。应用控压钻井技术后，通过对邻井合理钻控，规避了由于待钻井周围大范围采出井停采和注入井停注造成储层压力波动等问题。与常规钻井工艺相比，少关井 345 口，少影响注入量 $74.44\times10^4m^3$，少影响产油量 2.08×10^4t，同时及时完善了各层系的注采关系。化学驱更新井井组完善程度增加 25% 以上，起到了扩大波及体积、提高驱油效率的作用。

4 结　论

（1）长垣老区采取多套井网分别开发不同层系油层，井网密度大；同一区块水驱与化学驱并存，压力系统复杂；零散更新井常规钻完井钻关范围大，对井区产量影响大。

（2）长垣老区密井网条件下，受非均质性、井网密度、驱替方式、驱替阶段、措施改造、井况等因素影响，地层压力系统复杂，常规钻井施工风险高、周期长、固井质量保证难度大。

（3）基于井区动态压力预测及分析为依据的精准钻控技术和多压力层系控压钻完井技术为密井网井区零散报废井高效更新提供了技术支撑。

（4）长垣老区密井网、复杂压力井区通过应用控压钻井技术，在大幅减少钻关井的情况下，可顺利实现安全钻完井，并保证高质量固井水平，能够及时完善注采关系，保证井组整体开采效果，已成为一项安全高效的钻井技术在油田推广应用。

（5）建议下一步深入研究不同井网、不同油层、不同井距地层压力分布随时间变化情况，完善优化钻控方案，减少对正常注采的影响，并加快研发配套小型化、低成本专用设备，满足控压钻井规模化需求。

参考文献

[1] 李海涛．密井网小井距综合治理效果及认识［J］．化学工程与设备，2018（3）：139-141.

[2] 房成亮．调整井地层压力预测及压力系统分析［D］．大庆：大庆石油学院，2010.

[3] 任波，赵婷，张鹏．油田开发过程中压力系统的调整及效果分析［J］．河南化工，2011，28（2）：54-56.

[4] 王洁琼．调整井地层压力预测及压力系统的研究［J］．勘探开发，2018（4）：173.

[5] 王延，唐继平，胥志雄，等．控压钻井井筒压力控制技术初探［J］．特种油气藏，2011，18（1）：132-134.

[6] 杨雄文，周英操，方世良，等．控压欠平衡钻井工艺实现方法与现场试验［J］．钻井工程，2012，32（1）：75-80.

[7] 沈海超，胡晓庆，王希玲．控压钻井井底压力控制方案研究及其应用［J］．石油机械，2011，39（4）：27-30.

无通道及有落物井有效报废治理工艺研究与应用

韩　洋[1]，孙　亮[1]，韩重莲[2]，刘俊伟[1]，雷　成[1]

（1. 大庆油田有限责任公司井下作业分公司；2. 大庆油田有限责任公司采油工艺研究院）

摘　要：为了解决不同井况下通道打不开及有落物井的有效报废问题，通过井内落物分析、挤注分析、地层连通性分析等技术手段，对其进行有效报废封堵分析。根据井下落物、地质条件及通道情况（通过挤注量判定）确定报废封堵方式，通过不同条件下报废封堵工艺研究，实现对打不开通道或通道丢失井的有效报废封堵治理，形成一套不同井况条件下的无通道及有落物井有效报废治理技术方法，包括利用原井管柱报废技术、利用原井眼挤注报废技术、无通道井异井眼报废技术，并配套形成相应的工艺流程标准。现场试验 44 口井，工艺成功率 100%，单井平均施工周期 7. 78d，缩短该类井平均施工周期 3. 03d，提高了区块采收率，实现对该类井的有效治理。

关键词：无通道；有落物；异井眼；报废治理；有效封堵

随着大庆油田不断开发，地下情况日趋复杂。许多油水井的套管在井下不同深度发生变形、破裂和错断等复杂情况，部分井存在多处套变或错断，通过多项大修工艺措施可修复一定数量套损井[1-3]，但部分井因错断严重、套管位移量大，导致部分报废井封堵不彻底，产生层间窜流，影响生产。截至 2020 年 6 月，油田打不开通道报废井数为 964 口，其中 538 口已转更新井或侧斜井。在修井作业过程中，发现这类井治理周期长、成本高。由于套损严重导致无通道，井下落物无法全部捞出，使用传统报废手段（循环挤注）无法达到有效报废，影响邻井分层注采效果[4]。综合考虑时效、成本等因素，部分井只能暂时终止施工，严重影响产能，并增大了修井作业成本投入。为使该类井得到有效治理，达到地质封堵要求[5]，对无通道及有落物井进行综合分析，以确定封堵类型并提供解决措施。

根据井下落物、地质条件及通道情况，可先对井下相应位置进行试挤，根据挤注量的大小确定报废封堵方式，形成不同条件下报废封堵工艺。

1 利用原井管柱挤注报废技术

针对油田现有部分区块井，井下错断方位相对一致，套损层位清楚，这类井若按原有常规工艺施工需大负荷拔断或倒扣起出断口以上原井管柱，再找打通道进行施工。受套损程度影响，破坏管柱连通状态后部分井存在下断口丢失情况，再采用找打通道方式或无法找回下通道，以致后期无法修复或进行有效报废。施工前采用小直径测井仪器（直径 36mm、直径 28mm）在油管内测井，若小直径测井仪顺利通过，则通过测井显示结果可确定套损位置、方位，预判套管套损程度[6]。若遇小直径测井仪未能通过管内空间，则可通过仪器遇阻位置、仪器直径判断套损位置，预判套管套损程度。小直径测井仪器未能通过错断点深度，表明错断严重，存在套管错断已夹死原井管柱的情况，从而导致原井管柱变形。因此利用管柱下部水嘴等孔洞通道连通油层空间，大灰量挤注完成各油层空间的有效封堵报废。

现场施工工艺为：（1）预判井内套损及管柱卡阻情况。（2）从油管内笼统试挤注清水，测试

第一作者简介：韩洋，1981 年生，男，助理工程师，现主要从事修井技术研究工作。
邮箱：hanyang-boy@ 163. com。

水嘴与地层流体通道畅通情况。若挤注量不小于 $18m^3/h$ 或不小于设计水嘴流量，则利用原井管柱直接挤注报废，报废后切割上部油管封固断口。（3）若挤注量小于 $18m^3/h$ 或小于设计水嘴流量，则可进行管内打孔；满足挤注条件后，再利用原井管柱进行挤注报废。（4）根据封堵层段长度计算水泥浆用量。（5）通过油管通道挤注设计水泥浆量。（6）替挤清水至错断以上油管无水泥浆。（7）需要憋压候凝 48h。（8）利用测试钢丝等工具探管内水泥灰面。（9）定位切割开灰面上部油管。（10）利用上部油管循环报废上部井筒空间，完成封堵。

该工艺适用于有原井管柱且满足下列条件井报废封堵施工：活动管柱无有效行程；管内测试发现严重套损或测试遇阻；挤注量不小于 $18m^3/h$ 或管柱内无死嘴且挤注量不低于设计水嘴流量；可采用管柱水嘴挤注或使用管内打孔方式满足挤注条件（图 1）。

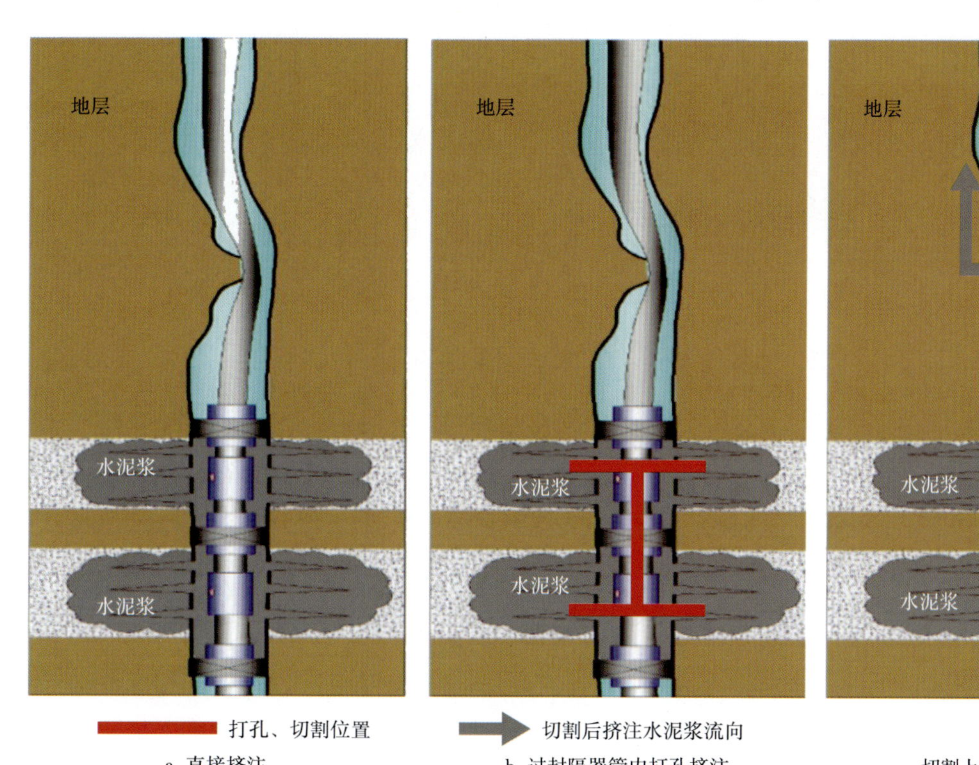

a. 直接挤注　　b. 过封隔器管内打孔挤注　　c. 切割上部油管封固断口

图 1　利用原井管柱挤注报废工艺示意图

2 利用原井眼挤注报废技术

大修施工中遇到的套管错断严重且通道丢失（包含井底有落物和无落物两种井况）、采用多种方式仍无法成功找回通道的井，需实施报废处理。在报废处理前，先试挤注清水，若挤注量（或经过疏通后的挤注量）不低于 $18m^3/h$、有挤注通道的情况下，则可进行挤注施工。将微膨水泥挤注至射孔井段及套损断口，水泥凝固后保证射孔井段之间及断口不窜，实现永久封固（图 2）。

现场施工工艺为：（1）对断口以上套管试压。（2）下入挤注工艺管柱至断口以上 5～10m 位置。（3）打压使封隔器坐封后提高压力打通高压开关。（4）注入设定量封堵水泥浆。（5）用清水替挤净管内水泥浆。（6）上提管柱丢手，再循环设定足量水泥浆封固封隔器至井口层段（断口）。（7）起出管柱关井候凝 48h，试压上部井段及水泥灰面，合格后，探灰面，完成封堵。

该工艺适用于通道打不开或丢失的严重错断井，试挤或经疏通处理后挤注量不小于 $18m^3/h$，且挤注压力大于地层压力并小于断口处地层破裂压力的井报废封堵。

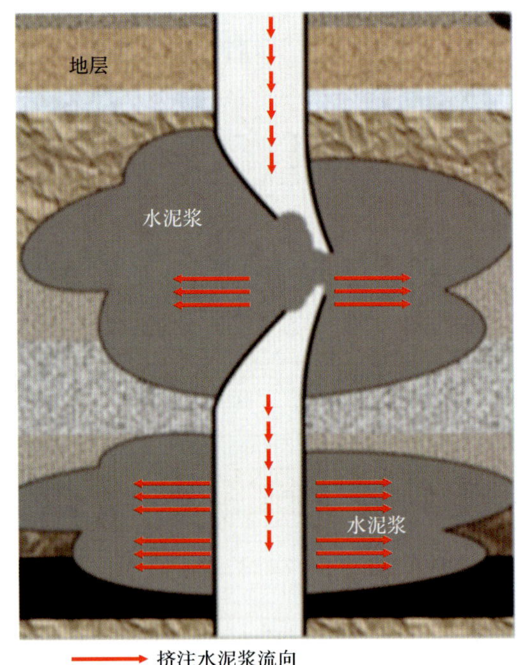

a. 无落物

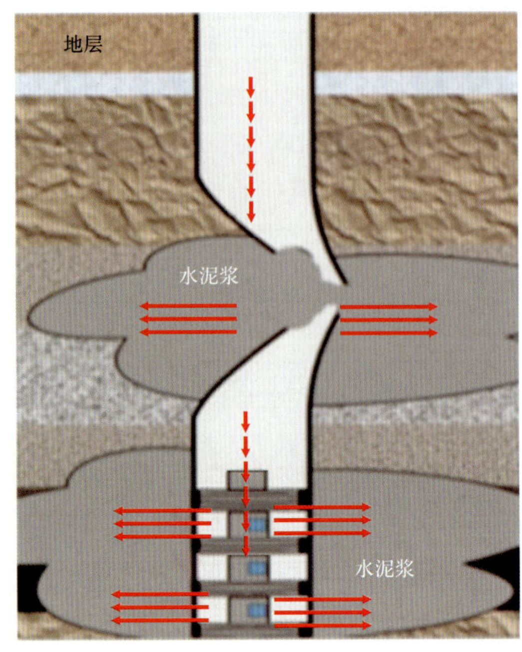

b. 有落物

图 2　利用原井眼挤注报废工艺示意图

3 无通道井异井眼报废技术

通道丢失后试挤挤注量小于 $18m^3/h$ 甚至无挤注量的井，或井内含有落物、虽经过疏通处理但挤注量仍小于 $18m^3/h$ 的井（无法满足挤注报废条件），通过上断口在管外侧向垂直钻进至目的层，形成断口下部靠近原井眼的异井眼，然后定向射孔与原井套管间形成有效沟通通道，通过在新井眼内大排量挤注水泥浆，实现新、老井眼的有效封堵（图 3）。

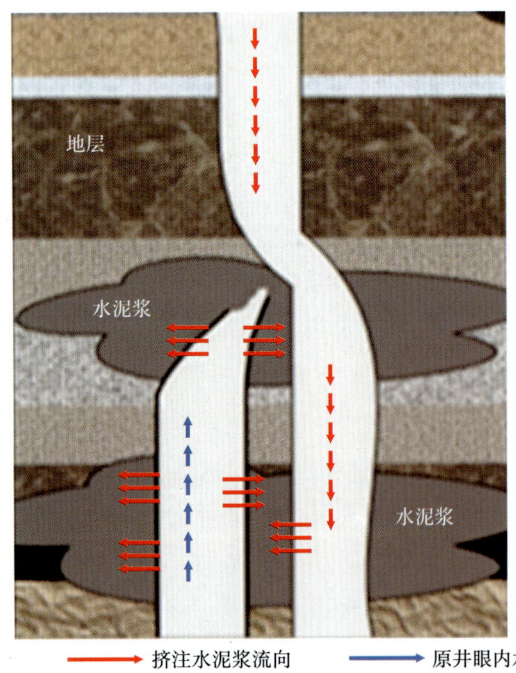

a. 无落物

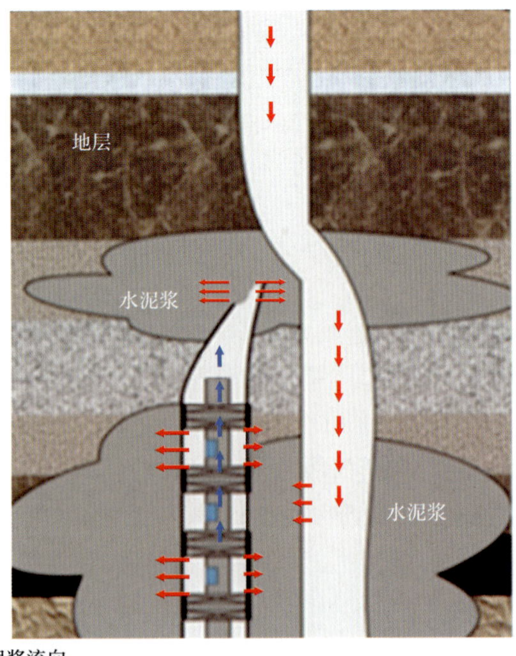

b. 有落物

图 3　异井眼报废示意图

现场施工工艺为：（1）对断口以上套管试压。（2）下入挤注工艺管柱至断口以上 5～10m 位置。（3）打压使封隔器坐封后提高压力打通高压开关。（4）注入设定量封堵水泥浆。（5）用清水替挤净管内水泥浆。（6）上提管柱丢手，再循环设定足量水泥浆封固封隔器至井口层段（断口）。（7）起出管柱关井候凝 48h，试压上部井段及水泥灰面，合格后，探灰面，完成封堵。

该工艺适用于通道打不开或丢失的严重错断井，试挤或经疏通处理后挤注量不小于 $18m^3/h$，且挤注压力大于地层压力并小于断口处地层破裂压力的井报废封堵。

4 现场应用

截至目前，在 A1、D3 两区块共完成现场试验 44 口井，工艺成功率为 100%。单井平均施工周期为 7.78d，实施无通道及有落物井有效报废治理工艺后，该类井平均施工周期缩短 3.03d（传统报废平均单井施工周期为 10.81d，工艺成功率为 85%）。其中利用原井管柱报废 16 口井，原井眼挤注报废 23 口井，异井眼报废 5 口井，并通过可视化测井监测、干扰试井、波动压力分层等检测手段对封堵效果检测验证[7]，工艺成功率为 100%。

通过现场试验形成了一套 3 种无通道及有落物井有效报废技术，解决了不同井况下通道打不开及有落物井的有效报废问题，缩短了该类井施工周期，提高了区块采收率。

5 结　论

（1）利用原井管柱报废工艺技术有效解决了被套管错断夹持的原井管柱拔脱后易造成通道丢失、找打通道难度大的问题，可节省工序，提高实效。

（2）利用原井眼挤注报废工艺技术有效解决了无通道及有落物井目的层的有效挤注及封堵难题，实现该类井的有效封固。

（3）无通道井异井眼报废工艺技术有效解决了通道丢失及有落物情况下无法满足挤注报废条件井有效报废治理问题。

（4）下一步需扩大技术应用规模、完善工艺设计优化方法，同时验证该技术在无有效治理手段的疑难井、终止井的适用性。

参考文献

[1] 张鹤巍．复杂大修技术分析与应用探讨［J］．石油研究，2020（9）：6.

[2] 刘士军，李龙飞，王金树，等．无通道套损井修复技术［G］∥大庆油田有限责任公司采油工程研究院．采油工程 2012 年第 3 辑．北京：石油工业出版社，2012：44-48.

[3] 王怀远．浅谈小通径套损井治理技术［G］∥大庆油田有限责任公司采油工程研究院．采油工程 2023 年第 3 辑．北京：石油工业出版社，2023：70-75.

[4] 张宇欧，王鹏，刘晨阳，等．套损井有落物报废工艺现场试验［J］．石化技术，2018，25（2）：283.

[5] 解立春，赵金玲，周书院，等．环境敏感区域内高压油水井永久报废封堵［J］．内蒙古石油化工，2007（7）：135-136.

[6] 万景龙，马圣凯，李艳秋．井下状况检测新技术在修井中的应用［G］∥大庆油田有限责任公司采油工程研究院．采油工程 2022 年第 1 辑．北京：石油工业出版社，2022：62-66.

[7] 杨景海，闫术，赵向民，等．利用试井技术检测报废井封堵效果［J］．油气井测试，2019，28（6）：66-72.

浅谈湿沼地段光伏发电桩基础施工

赵国宏

（大庆油田有限责任公司行政事务服务中心）

摘　要：为了解决湿沼地段光伏发电桩基础施工难度大，潮湿、高温环境易引起光伏设备电势诱导衰减（简称PID）效应等问题，结合大庆油田龙一联地区清洁能源综合利用工程（光伏利用工程）2.3MW光伏发电站施工，重点围绕发电桩基础施工工艺展开论述。阐述发电桩基础施工要点及打桩、接桩等工艺要求，并提出了解决减少桩头破损问题的方法，为后续湿沼地段光伏项目基础施工方法的选择提供一定参考。

关键词：湿沼地段；光伏发电；电势诱导衰减；静力压桩；锤击桩

作为典型的无噪声、无辐射、零排放、零污染的静态发电方式，光伏发电成为大庆油田未来新能源领域重点发展的产业之一。针对大庆地区多湿沼地段的特殊性，结合大庆油田龙一联地区清洁能源综合利用工程（光伏利用工程）2.3MW光伏发电站的施工，对湿沼地段光伏发电基础施工工艺的选择及施工要求展开论述。

1 发电桩基础施工工艺选择

1.1 施工地质环境概况

大庆地区的地表湿地主要是轻沼泽地，表现为地表积水深度不超过0.2m，或者即便表面没有积水，但土壤含水量很高、土质黏重、透水性差、保水性强。表层为草皮、草碳层，中层为淤泥层，下层为硬黏土层。一般情况下，草皮和淤泥的总厚度不超过0.8m。冬季温度最低-37℃，属于高寒地区，冻土层较厚，结冻期从11月下旬至次年4月，暖季施工期从5月到10月。除去雨休时间大概有100多天施工时间，可施工时间较短。

1.2 施工工艺

光伏发电桩基础施工周期短、工程量大、施工工序多，需试桩、打桩、接桩，同时还需要控制桩顶标高、桩身垂直度、桩面方位等，因此选择合理工艺至关重要。常见的预制混凝土桩施工工艺有静力压桩和锤击桩[1-2]。

1.2.1 静力压桩

静力压桩是指依靠自身重量与额外配重构成总重量，利用作用力与反作用力原理，采用液压静力压桩机械进行桩基施工。这种工艺施工过程相对缓慢，采用缓慢压入土中的施工方式，通过向下压力来克服预制桩受到的侧壁摩擦力和末端阻力，将预制桩压入目标地点达到设计标高和单桩承载力要求[3]。此工艺对场地承载力要求较高，适合冻土尚未融化时施工。与湿地沼泽地带相比较，冻土层的地基承载力高，所需要的场地换填费用较低，且能减少预制桩破损率。

冻土融化后的湿地沼泽地带的承载力非常低，需要在地基换填上产生大量费用，若换填不均，则静力压桩有下沉、失稳的风险，严重时会出现桩机倾覆，所以静力压桩更适合在冻土尚未融化

作者简介：赵国宏，1975年生，男，工程师，现主要从事油田基础建设等行政事务服务管理工作。

邮箱：zhaoguohong8867@163.com。

时施工。

1.2.2 锤击桩

锤击桩是根据动能、势能的转换原理，利用重锤上下击打桩头，将重锤从高处下落的势能叠加额外施加的加速锤击动能，转换成供给预制桩的运动动能。这种动能接触到桩体表面转化为桩体顶端受到的压力，用以克服预制桩受到的侧壁摩擦力和末端阻力，从而使预制桩达到设计标高或单桩承载力要求。

由于击打预制桩的重锤动力来源不同，锤击打桩机可以分为汽锤、液压锤、落锤和柴油锤打桩机等不同类型。其中，柴油锤打桩机以柴油作为燃料，通过燃烧甚至有限爆炸柴油产生的热能转化为动能形成驱动力。

以移动形式作为区分标准，又可以将锤击打桩机分为履带式和步履式打桩机。履带式打桩机由于机械重量较小，受力面积大，对场地承载力要求相对较低，在特别软的地层有更好的稳定性，且其行动力更强、驾驶灵活、施工简单、工期短、造价低[4]。所以，选择柴油锤履带式打桩机进行夏季大庆湿沼地带的发电桩基础施工。

1.3 施工难点

（1）暖季施工时，湿沼地段大多是淤泥，施工难度较大，需要根据特殊地质条件制定合理安全的光伏发电桩基础施工方案。同时要考虑施工中及施工后可能发生的桩位偏移，进一步采取有效措施保证施工安全及桩基质量。

（2）采取锤击桩施工时，桩头会不可避免地发生不同程度的破损情况，甚至出现桩头破碎或桩体断裂等情况，导致桩体施工中断或需补打桩，进而对工程质量造成影响，影响工期并造成工程物资浪费。造成桩头破损的原因有很多，比如混凝土质量欠佳、桩头尺寸偏大、桩顶有杂物、施工工艺不合理等。严格进行预制桩的进场检验和优化施工工艺可以有效降低桩头破损，减少工程浪费[5]。

（3）另外，针对潮湿、高温环境产生的 PID 效应对光伏发电的巨大影响，在湿沼地段施工时可将桩基高度提高 0.3~1.5m，远离地表湿地，消除“湿气重”的环境影响因素，以避免 PID 效应，增加光伏设备使用寿命。

2 发电桩基础施工要求

2.1 施工场地清理

在夏季进行湿沼地段施工时，需提前清理场地上的明水和泥沼。采用纵横接力法，首先挖出一条浅沟，宽度与大型低湿推土机的推土铲宽度相当；然后使用数台推土机沿着堤线纵向将泥沼推至浅沟内，再由另一台推土机沿着浅沟横向将泥沼赶至弃土堆外。

2.2 工程试桩要求

设计单位应根据勘察中间报告、基础方案比选情况及施工现场情况出具试桩图，图纸应包括试桩设计要求、施工要求、检测要求及试桩位置等。工程桩正式施工前需根据设计文件及规范要求先在场外进行试桩，确定桩基施工工艺。

根据《建筑基桩检测技术规范》（JGJ 106—2023）要求，受检桩混凝土强度不应低于设计强度的 70%，检测数量应满足设计要求，且在同一条件下不应少于 3 根，当预计工程桩总数小于 50 根时，检测数量不应少于 2 根。待试桩施工完毕后做静载试验，试验前的休止时间应符合表 1 要求。

表 1　静载试验休止时间表

土的类别		静载试验休止时间（d）
砂土		7
粉土		10
黏性土	非饱和	15
	饱和	25

采用单桩竖向抗压静载试验进行验收检测，同时采用低应变法检测混凝土方桩桩身缺陷及桩身完整性，试验数据应满足光伏支架厂家提供的基础顶部载荷要求，试桩合格后方可进行正式工程桩施工。

2.3 施工过程要求

2.3.1 发电桩基础施工工序

发电桩基础施工工序如图 1 所示：将预制桩套入桩帽，用经纬仪进行检查，保证桩锤的各部分都保持水平状态，施工时利用经纬仪、线锤等工具辅助进行垂直施工矫正，保证施工垂直度，确保垂直偏差低于 5‰，稳定后校正垂直度，符合要求后进行打桩。

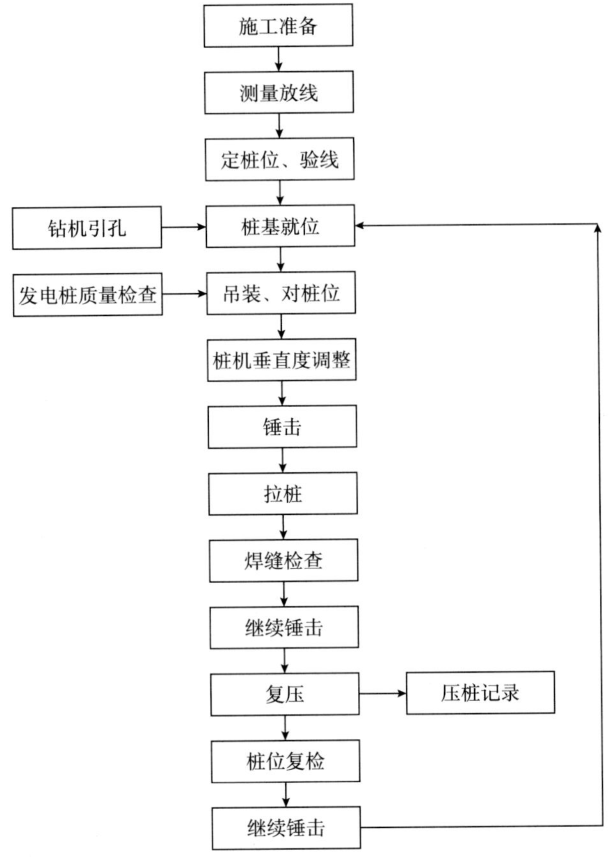

图 1　发电桩基础施工工序图

2.3.2 打桩要求

在进行桩基施工时，需要留意以下两点：一要采用“重锤低击”的方式，初始施打时应当使用较小的落距，一旦强度满足要求，则可进行满行程施打。需要注意的是，不同类型的预制桩所需的锤击强度和落距也各不相同。例如，预制桩为混凝土桩（包括低强度混凝土桩）时，锤击施工的落距应不大于 1.5m，实心较高强度桩体的锤击施工落距也不得超过 1.8m。当遇到特殊情况需要暂停施工时，切忌间断时间过长，因为这可能导致周围土体挤压桩尖，为后续工作带来困难。二对于沉桩作业，需要记录每下沉 1m 所需的锤击数及整体沉桩作业所需的总锤击数，以及在最后 1m 左右的下沉过程中，每下降 10cm 所需的锤击数，并额外加打 5 次锤击，以此记录桩的下沉量。通过计算每锤的平均下沉量，可以得出停止打击的贯入度，单位以毫米计。

2.3.3 接桩工艺要求

预制桩下沉至规定深度后，采用焊接方法接桩。首先在上端桩的底部预制钢板或人工进行主筋裸露，将匹配尺寸的角钢与之焊接；接下来在下端桩上方（即桩顶）采取同样方法套制钢制结构，然后将两段桩体的焊接角钢连接成一体。焊接时应保持焊接对称，控制焊接形变量；焊接施工应均匀连续，保证焊缝饱满无遗漏，避免出现咬边、凹痕、夹渣、焊瘤、裂缝等缺陷，若有缺陷应立即返修，但返修次数应不大于两次；最后通过喷刷防腐漆等方式确保焊缝达到防腐要求[6]（表 2）。

表 2　混凝土桩接桩允许偏差数据表

项　　目		允许偏差
焊缝质量	上下节端部错口（mm）	≤2
	焊缝咬边深度（mm）	≤0.5
	焊缝加强层高度（mm）	≤2
	焊缝加强层宽度（mm）	≤2
	电焊焊缝外观	无气孔，无焊瘤，无裂缝
	焊缝探伤检验（个）	3
电焊结束后停歇时间（min）		>3.0min
上下节平面偏差（mm）		<10
节点弯曲矢高		<1/1000L（L 为两节桩长）

2.3.4 施工工艺优化

预制混凝土桩选择锤击打桩工艺进行施工时，在锤击过程中易发生桩头破损。为避免桩头破损造成的施工质量和增加造价的问题，需对施工工艺进行优化，具体方法如下：

（1）桩头露伸出的钢筋必须切除齐平，避免锤击过程中应力集中导致破损。

（2）加装桩垫和锤垫可产生一定的消能作用。

（3）进行打桩作业时，保持打击锤着力点与预制桩的中心对称线、替代中心对称线尽量一致，减少或避免力矩偏移而导致的施工浪费。

（4）打桩架不得偏移，应保证在锤击施工时，桩架基础始终保持均匀沉降。

（5）接桩作业中，要保证下端桩体垂直度，且上端桩体应与下端桩体保持同一垂直度的接合，从而确保两端桩体中心对称线充分连接并为直线。

（6）打桩时，根据不同桩体选择锤体及施工力度，科学设计落锤高度，“重锤低击”，确保效果。

2.3.5 施工过程质量控制及验收要求

在淤泥地质条件下，基础桩施工的质量需要严格把控。因为淤泥层有一定的不稳定性，再加上预制桩的抗剪切力比较薄弱，在进行土方开挖的过程中，挖机的作业行走轨迹和土方存在一定的高度差会造成桩位偏移[7]，因此应随时检查预制桩位置，边打边查，避免后续打桩施工的挤土效应对单桩及排桩位置的偏移影响。施工完成后要测量桩顶标高、垂直度等数据，测量结果要符合 GB 50794—2012《光伏发电站施工规范》中对于桩式基础尺寸允许偏差的要求（表 3）。

表 3　桩式基础尺寸允许偏差数据表

项目名称		允许偏差
桩位（mm）		≤30
桩顶标高（mm）		0，-10
垂直度（mm）	每米	≤5
	全高	≤10
桩径（截面尺寸）（mm）	混凝土预制桩	±5

3 结　论

（1）发电桩基础施工过程中，要严格执行相关技术规范要求。静载试验结果必须满足载荷要求，打桩、接桩等工艺按照规定步骤和要求进行，随时对施工过程质量进行验收，保证施工的安全性和可靠性。

（2）通过采取加装桩垫和锤垫等一系列措施对施工工艺进行优化后，桩头发生破损的概率大大降低，减少了工程浪费。

（3）在湿沼地段开展光伏发电虽减轻了光伏建设的用地压力，但也给湿沼地段造成一定的生态影响。

（4）下一步应继续研究更加优化环保的施工工艺，进一步降低桩头的破损率，提高发电桩基础施工质量，尽量减少光伏施工，尤其是噪声污染等对于湿沼地段环境的影响。

参 考 文 献

[1] 光伏电站建设重难点分析［EB/OL］.（2021-08-13）. https：//max. book118. com/html/2021/0812/7016055016003160. shtm.

[2] 李俊．房屋建筑钢筋混凝土预制桩施工技术［J］. 城市建设理论研究（电子版），2013（9）：16-18.

[3] 吴启明．静力压桩在穿越粉质黏土夹砂层过程中的研究与运用［J］. 建筑施工，2023，45（10）：1953-1955.

[4] 郭世掭．锤击桩施工监理控制要点［J］. 江苏建材，2023（5）：142-143.

[5] 王晶．混凝土预制桩基施工技术与管理［J］. 中国建筑金属结构，2023，22（8）：163-165.

[6] 肖超群．太阳能光伏发电系统的设计与施工［J］. 中国房地产业，2023，4（6）：201.

[7] 戴连双，姚誉清，魏文康，等．厚砂层泥浆护壁引孔预制桩施工技术［J］. 建筑施工，2023，45（8）：1507-1509.

基建施工常见事故及预防措施浅析

赵　忱

（大庆油田有限责任公司行政事务服务中心）

摘　要：针对基建施工过程中安全事故频发的现状，通过调研目前国内基建安全事故教训，采用事故致因理论（轨迹交叉理论）风险评估方法，发现基建施工中主要事故类型为高处坠落、坍塌、触电、物理打击、机械伤害5种。针对这5种事故风险类型，对应提出相应的预防措施，为基建系统安全生产和持续发展提供参考。

关键词：基建安全管理；高处坠落；坍塌；触电；物理打击；机械伤害；原因分析；预防措施

2023年，我国各类生产安全事故共死亡21242人，其中工矿商贸企业就业人员每10万人中就有生产安全事故死亡人数1.244人，煤矿行业每百万吨死亡人数0.094人[1]，生产安全事故对我国人民群众生命财产安全和国民经济发展造成了严重损害。

国家发展改革委的通知中提出，要进一步加强基础设施建设项目管理，坚持质量第一，保障人民群众生命财产安全[2]。基建安全对于保障企业健康良性发展、保障人民生命财产安全具有重要意义。通过重点对基建安全事故原因的分析，采取事故致因理论（轨迹交叉理论）对基建生产安全事故从设备故障（或物的不安全状态）与人的失误这两事件链的轨迹交叉分析风险发生原因，并采用案例剖析的方法更加直观地进行论证，并提出相应的避免方法，为基建安全管理提供参考。

1 基建安全管理

基建安全管理一般指在基础设施建设过程中通过对施工现场人、物、环境、管理4个安全要素的管理，控制或减少事故的发生概率，防止出现人员伤亡或财产损失的一系列管理措施，确保施工活动的安全性和合规性[3]。基建安全管理主要应从以下几方面开展工作。

1.1 落实安全生产责任制

安全生产责任制是从源头上防范化解重大安全风险，落实“三管三必须”的重要举措。通过全员签订安全生产责任制，进一步明确各级管理人员、操作人员所承担的安全责任，督促全员落实安全生产责任，降低事故发生率，提高安全生产水平。

1.2 完善安全管理体系

完善的安全管理体系主要包括健全的规章制度和标准化的操作规程两个方面。在规章制度方面，应该制定与现场相适应的《安全生产管理办法》《安全生产责任清单》《消防安全管理办法》等基本管理规定；在操作规程方面，应该制定具有可操作性的工种及设备操作规程，如《木工操作规程》《角磨机操作规程》等。

作者简介：赵忱，1989年生，男，工程师，现主要从事油田基础维修等行政事务管理工作。

邮箱：lq_zhaochen@cnpc.com.cn。

1.3 加强双重预防机制建设

在风险分级管控方面，通过工作前安全分析充分识别施工活动及设备存在的安全风险，利用HAZOP、LEC等风险分析评价方法做好风险评估，制定可行的控制措施，降低事故发生率。在隐患排查治理方面，通过提高安全监督人员业务能力、从业人员安全基本知识两方面提高隐患排查及时率和治理率。

1.4 提高应急管理与救援能力

事故的突发性和偶然性使得应急救援工作成为施工现场必要的管理措施，针对风险制定有效的、可行的现场处置方案可以最大限度减少事故带来的危害和损失。

2 常见事故类型及原因分析

在基础建设工程中，由于施工现场的复杂性和多变性，各种事故均有发生。常见的事故类型主要分为以下5种。

2.1 高处坠落事故

可能产生该类事故的原因主要包括以下几方面[4]：

一是施工单位为降低用工成本雇佣未经培训合格的员工进行高处作业。

二是现场未对空、洞等需防护部位进行有效防护。

三是现场存在“三违”行为。

四是作业人员未正确佩戴安全带或安全带选型错误。

五是设备故障或设施不稳固等其他原因引发的高处坠落事故。

2.2 坍塌事故

可能产生该类事故的原因主要包括以下几方面：一是工程结构设计不合理或计算失误导致的结构设计问题；二是施工前没有编制切实可行的施工方案或者未进行具体的安全技术交底导致的施工组织不当问题；三是建筑物结构支撑连接不牢固，遇到超载、外力冲击或严重偏心导致的失稳坍塌问题；四是地基不稳定或不均匀沉降，不按规定设置边坡或缺少支护引发的滑坡坍塌问题等原因引发的坍塌事故[5]。

2.3 触电事故

可能产生该类事故的原因主要包括以下几方面：一是电气线路和设备安装不当；二是非专业人员操作电气设备；三是移动金属物体接触电源；四是漏电保护器未安装或失效；五是临时电线私拉乱接；六是使用不合格的电动设备等原因均有可能导致触电事故的发生。

2.4 物体打击事故

可能产生该类事故的原因主要包括以下几方面：一是施工现场不按规定堆放材料和构件，环境脏乱差，以及交叉作业带来的安全风险；二是在高空作业中，工具或零件等物体从高处掉落；三是起重吊装操作不当；四是操作人员未按规定正确使用安全防护用品，如未戴安全帽，或在不安全的警戒区域内活动或逗留；五是高处作业时，所用工具没有采取防坠落措施，或者外架架底封闭不严实；六是在建主体未搭设足够尺寸的防护棚等原因。

2.5 机械伤害事故

可能产生该类事故的原因主要包括以下几方面：

一是机械转动部分无防护装置或防护装置不牢固。

二是机械设备保养维修不善，带病或超负荷运转。

三是操作人员未经培训，不了解设备性能或违章操作。

四是不确定的环境因素，如照明不足、通风不良等因素。

五是疲劳上岗导致精力不集中等生理因素导致的误操作等原因。

3 案例分析及建议采取的针对性举措

基建事故虽然频繁发生，但是绝大部分事故都有其先兆性与可避免性。为了保障工作人员的人身安全和工程的顺利进行，制定有效的应对措施至关重要，现将相关应对举措做如下列举。

3.1 高处坠落事故预防措施

以山东省菏泽郓城锦绣城 E 区建筑施工项目“8 · 15”较大高处坠落事故为例，该事故中共有 5 人死亡，其中 2 人为外墙真石漆作业人员，3 人为腻子工。山东省人民政府公布的《关于菏泽郓城锦绣城 E 区建筑施工项目“8 · 15”较大高处坠落事故调查报告的批复》中，认定事故直接原因为以下几点：（1）高处作业吊篮工作钢丝绳断裂。（2）安全锁未能有效锁住安全钢丝绳。（3）违规超员搭乘高处作业吊篮。（4）高处作业吊篮搭乘人员未佩戴使用安全带[6]。

为避免此类高处坠落事故，需加强安全教育培训，提高工人的安全意识。严格遵守高处作业的安全规定，佩戴安全带、安全帽等防护用品。对高处作业平台、通道等处设置安全网、防护栏等防护措施。

3.2 坍塌事故预防措施

2022 年 4 月 29 日，湖南省长沙市望城区金山桥街道金坪社区盘树湾组发生一起特别重大居民自建房倒塌事故，造成 54 人死亡、9 人受伤。事故调查组查明，事故的直接原因是违法违规建设的原 5 层房屋建筑质量差、结构不合理、稳定性差、承载能力低，违法违规加层扩建至 8 层后，荷载大幅增加，致使 2 层东侧柱和墙超出极限承载力，出现受压破坏并持续发展，最终造成房屋整体倒塌[7]。

为避免此类坍塌事故，需要在施工区域进行定期巡查，确保支撑结构稳固。严格按照施工方案进行施工，避免出现超载、超挖等情况。加强工人的安全教育，提高其应对突发事件的反应能力。

3.3 触电事故预防措施

2022 年 7 月 28 日，江苏某合成材料公司车间发生一起触电事故，造成 1 人死亡。事故发生的原因是：配电箱箱门背面的电加热设备开关上一根电线接头从接线柱上松脱，带电电线接头接触到配电箱箱门，同时配电箱的外壳未采取接地保护，造成配电箱金属外壳带电，马某右手接触到配电箱边框时，发生触电事故。

为避免此类触电事故，需要对电气设备进行定期检查和维护，确保其安全运行。工人操作电气设备时必须戴绝缘手套、穿绝缘鞋。设置安全警示标志，提醒工人注意用电安全。

3.4 物体打击事故预防措施

2020 年 1 月 17 日，上海国利汽车真皮饰件有限公司一工地内发生一起建筑物拆除作业过程中的被拆楼体掉落打击事故，致 2 名现场作业人员当场死亡。事故发生的原因是：（1）现场作业人员未严格按照公司《施工方案》进行施工，冒险作业，直接导致事故发生。（2）对施工现场安全管理不到位，未安排专业、专职安全生产管理人员进行现场监督，对发现的安全隐患问题消除、阻止不力，也间接导致了事故的发生。

为避免此类物体打击事故，需严格管理施工现场，确保材料堆放整齐，不超高、不倾斜。对易飞溅、滑落的材料采取防护措施。加强工人的安全教育，提高自我保护意识。

3.5 机械伤害事故预防措施

2022 年 11 月，某带钢分剪厂一名作业人员检查分剪后正在收卷钢带时，用戴手套的手触摸运行中的钢带，手套不慎被钢带夹住，致使作业人员手臂被卷入收卷机，致使手掌被截肢。

为避免此类机械伤害事故，需对工人进行机械设备操作培训，确保其熟练掌握操作技能。定期对机械设备进行维修保养，确保其正常运转。设置安全防护装置，防止工人误操作导致伤害。

4 结束语

通过研究发现，所有安全事故的发生都会有人的不安全行为或物的不安全状态的原因，或是两者交叉相关联引起。因此通过事故致因理论分析可以发现，不同于前人认为的事故是不可避免的理论，所有的基建安全事故起码可以通过加强安全管理、提高工人的安全意识和技能水平、严格遵守安全操作规程、保持设备安全性能等手段，减少两者轨迹交叉概率，从而有效降低事故的发生率，甚至避免事故的发生。

参考文献

[1] 中华人民共和国 2023 年国民经济和社会发展统计公报［EB/OL］（2024-02-29）. https：//www.stats.gov.cn/sj/zxfb/202402/t20240228_1947915.html.

[2] 国家发展改革委关于加强基础设施建设项目管理确保工程安全质量的通知［EB/OL］（2021-06-19）. https://www.gov.cn/zhengce/zhengceku/2021-07/07/content_5622973.htm.

[3] 陈树彬. 以安全文明施工为准绳，抓好基建安全管理［J］. 城市建设理论研究（电子版），2013（29）.

[4] 张勐. 高处坠落事故的原因分析和防范措施［J］. 中国造船，2005，46（增刊）：534-537.

[5] 李铭，韩吉祥，李鸿祥. 基于 FRAM 的动土作业坍塌事故案例分析［J］. 安全，2023，44（6）：83-87.

[6] 菏泽郓城锦绣城 E 区建筑施工项目“8 · 15”较大高处坠落事故调查报告［EB/OL］（2024-01-05）. http：//yjt.shandong.gov.cn/zwgk/zdly/aqsc/sgxx/202401/t20240105_4633228.html.

[7] 湖南长沙“4 · 29”特别重大居民自建房倒塌事故调查报告公布［EB/OL］（2023-05-21）. https：//www.gov.cn/lianbo/difang/202305/content_6875415.htm? eqid=fa1942ab0000078500000006646abad3.

X 油田 U 型井地热替代试验工程研究

周新荣，李　童，吴广民，姜　汝，马媛媛

（大庆油田有限责任公司采油工艺研究院）

摘　要：X 油田某燃煤燃气锅炉房具备地热能替代先行试点的资源基础，针对该油田急需打造清洁替代试验区的实际情况，分阶段、分批次开展了地热替代先导试验研究。在解决"取热不取水"的基础上，充分考虑换热效率，优选 U 型井循环换热开发方式。通过优化井身结构及井眼轨迹，配合磁定位技术，优选钻井液体系，优化完井方案，实现了全流程优化钻完井技术。U 型井地热替代试验工程研究有助于明确中深层地热能开发过程中深度、温度、热储与换热效率，从而形成中深层地热能"取热不取水"技术体系，为中深层地热能勘探开发理论创新、技术革新提供有力的技术支撑。

关键词：地热；替代；试验区；取热不取水；U 型井

X 油田除了生产能耗较大外，供暖能耗也较大。初步统计 2020 年在运行的 22 座燃煤燃气锅炉房，其耗煤量为 35.92×10^4t，耗气量为 $10089.88\times10^4\mathrm{m}^3$。有 7 座燃煤锅炉房污染物排放量大，且均未进行烟气脱硫、脱硝处理，需要投入大额资金进行烟气处理改造，供热成本将进一步增加。

因此该油田急需打造清洁替代试验区，分阶段、分批次实施燃煤燃气锅炉房清洁替代。现供热区域无替代热源保障冬季供暖，综合考虑环保及运营成本，结合该地区地温梯度较高的优势，考虑应用中深层地热能换热，在地下人工构建一个"地热锅炉房"。初期投资虽高于燃煤燃气锅炉房，但后期运行成本低，地热是比较现实的清洁替代资源。

1 试验区优选

该油田所在盆地形成源—通—储—盖的有效匹配，具有形成地热资源的良好热源背景。由该盆地北部 1000 多口探井试油资料编绘的地温梯度等值线图可知，地温梯度从 1.8℃/100m 到 5.4℃/100m 不等，从盆地边缘向盆地中心依次增大。

某燃煤燃气锅炉所在位置地温梯度达到 5.2℃/100m，该区平均地温梯度为 4.3℃/100m，3000m 埋深地层温度为 120～135℃，高于其他地区，具备地热能替代先行试点的资源基础。该油田要实现地热清洁替代，需要将替代锅炉房与地热资源有机结合，实现地热资源类型与地面用热需求精准匹配。

2 开发方式优选

试验区邻井试气结果显示，该区中下部热储层厚度大，以干层为主；上部油层已投入开发。为了不影响油田正常生产，采用井下无干扰"取热不取水"的方式实施地热应用是比较现实可行的，提取中深层地热能替代燃煤锅炉房。

钻井与地层之间传热提取中深层地热能技术已经开展多年，通过比较单井闭式循环换热和 U 型井循环换热，优选燃煤锅炉房的清洁替代方式。

2.1 单井闭式循环换热

单井闭式循环换热技术[1]是一种"取热不取水"的地热开发方式。单井地热井深度通常为 2～

第一作者简介：周新荣，1986 年生，女，高级工程师，现主要从事新能源及钻井技术研究工作。

邮箱：zhouxinrong@ petrochina. com. cn。

3km，井下换热器一般采用同轴套管换热器，在周围一定范围内用固井材料填充。

单井闭式循环换热技术原理如图 1 所示。工质从同轴套管的外腔流入、内腔流出，在这个过程中地层将储热传递给工质，工质再将中深层地热能输出至地面。工质到达地面后，通过换热器将热量直接传递给用户终端，或是与热泵系统相结合，为建筑物进行供暖。随后工质重新进入井下换热器外管，实现封闭循环。

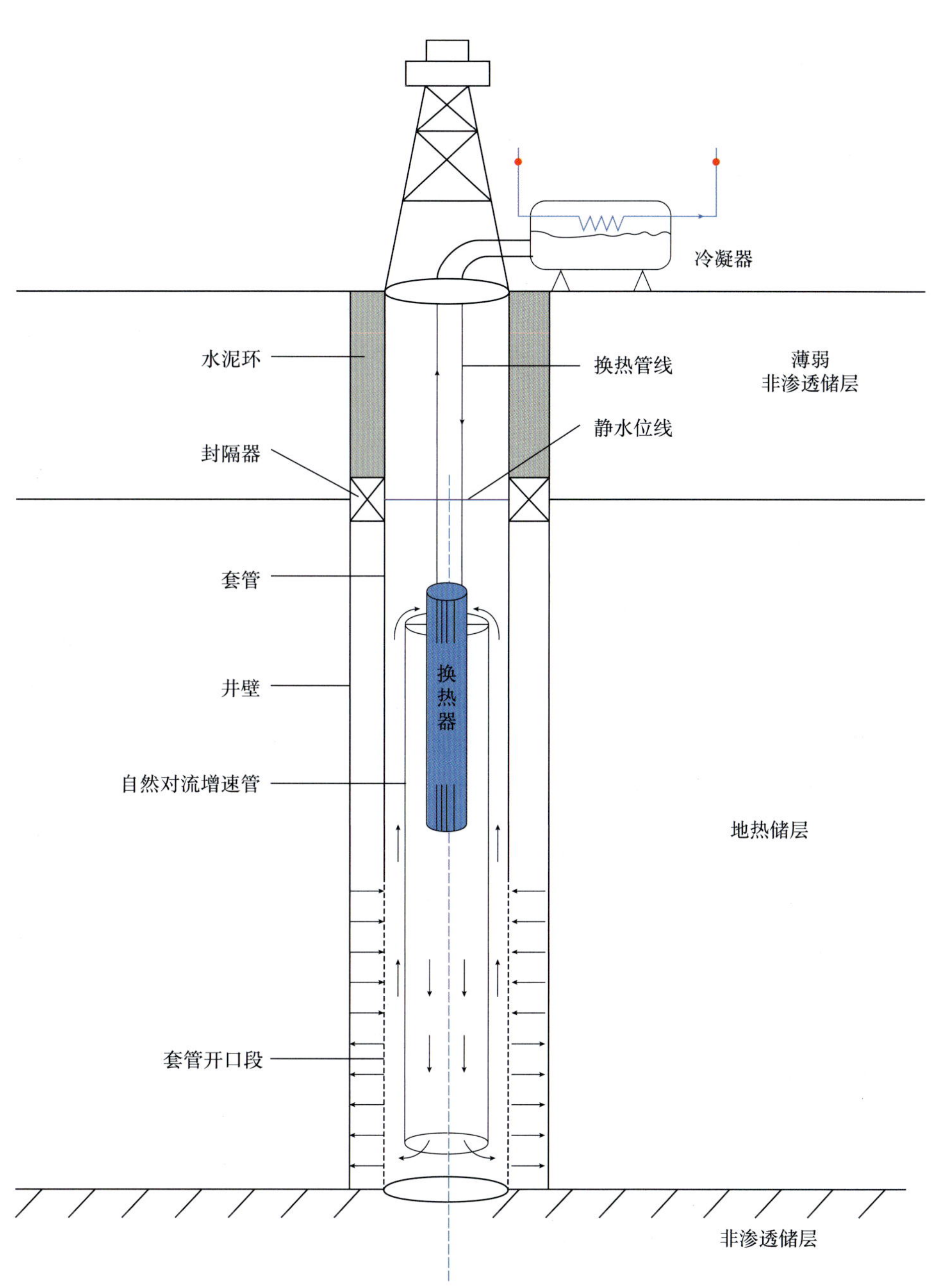

图 1 单井闭式循环换热技术原理图

单井闭式循环换热系统有直井结构、L 型井结构（井下换热器采用 L 型同轴套管）两种。

2.1.1 **直井结构**

直井闭式套管换热器结构如图 2 所示。直井结构技术优势：（1）结构简单易于维护。（2）闭式循环无污染。（3）返排工质无需处理。（4）地下热储无需改造。（5）真正实现“取热不取水”。

存在问题：（1）换热能力低。（2）废弃井分布分散，距离用热端相对较远，难以规模替代。

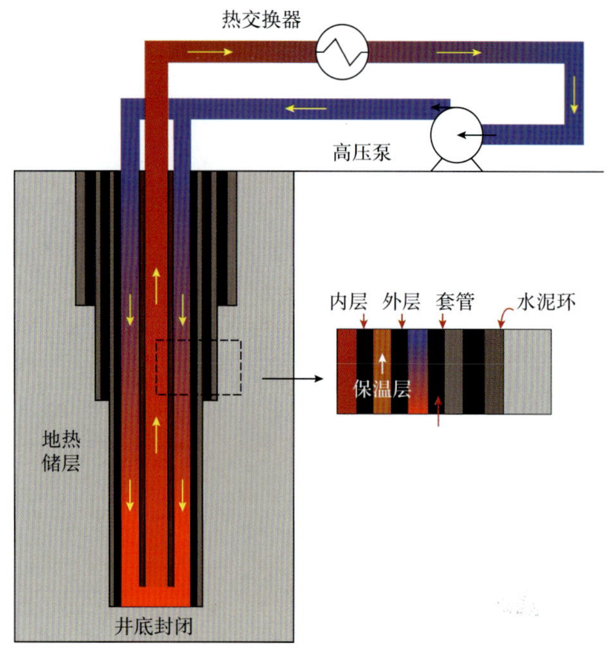

图 2 直井闭式套管换热器结构示意图

2. 1. 2 L 型井结构

L 型井闭式套管换热器结构如图 3 所示。L 型井结构技术优势：(1) 水平井换热长度大。(2) 长水平段强化换热。

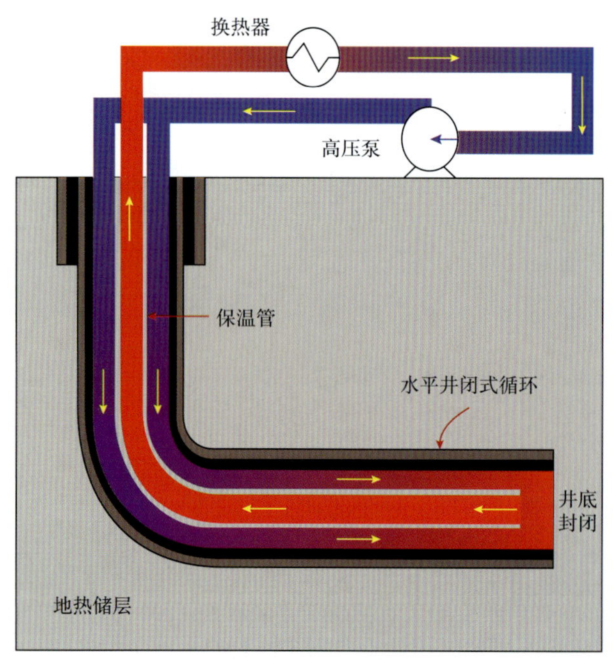

图 3 L 型井闭式套管换热器结构示意图

存在问题：目前这一技术主要停留在理论研究阶段，国内还未见有关工程实例的报道。

2. 2 U 型井循环换热

U 型对接井就是由相连通的一个竖井和一个 (或多个) L 型井组成，一 (多) 进一出。全井下入金属套管封闭，防止井内水流与外部含水层发生水力联系。U 型井闭式套管换热器结构如图 4 所示。

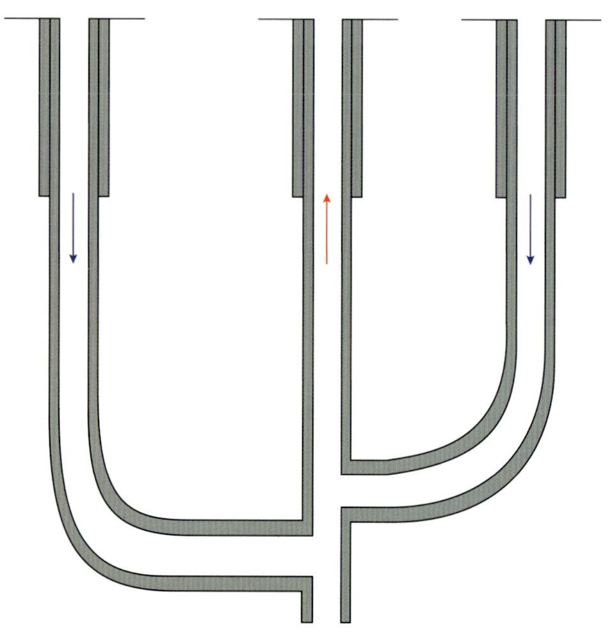

图 4 U 型井闭式套管换热器结构示意图

U 型井主要技术原理为中介水在封闭的地热井系统内长期循环，通过热传导方式开采地热能，从而实现“取热不取水”[2]。其过程为低温水通过进水井进入 U 型井换热系统，水流流经 U 型井与热储发生热交换，不断吸收热量，水温升高后通过出水井进入热泵系统，经热泵机组能量转化后为建筑物供热[3]。

“U 型井循环水换热”具有热输出功率大、环保而稳定的特性[4]。

U 型井技术优势：(1) 采用单层管柱方式完井，井身结构简单稳定。(2) 通过一采多注的方式最大限度地提高采出井输出功率。(3) 可以节省单位功率的投资成本。

因此从井身结构选择、地热储层特性、水循环换热工艺等方面充分考虑换热效率，确保井内出水量和出水温度满足地热开发经济要求，优选 U 型井开发方式。

3 现场试验

2022 年 12 月开展现场先导试验，主要是新钻一对 U 型井（图 5），开展换热试验，完善勘探开发及配套工程技术。设计注入温度为 20℃，出口初期温度为 60～72℃。

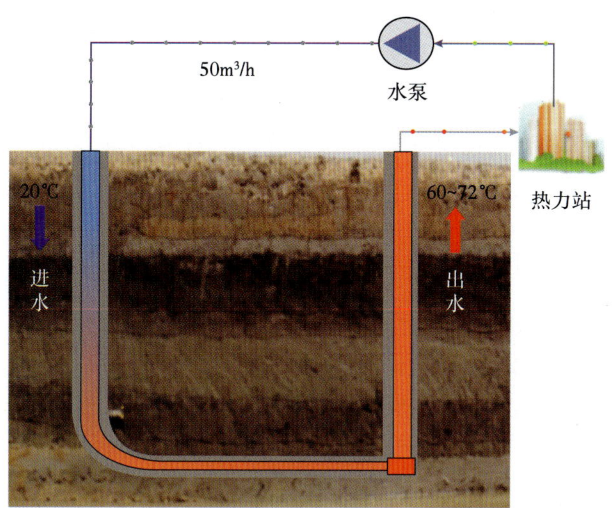

图 5　试验区 U 型井结构示意图

3.1 施工难点

（1）钻井的高温环境对钻井井下工具、钻井液体的性能提出更高要求[5]。

（2）因井深过深、岩石可钻性差，钻头、辅助破岩工具等的寿命受到很大影响。

（3）随钻测井仪器（LWD）的测量精度[6]和可靠性受到高温影响，直接影响井眼轨迹控制。

（4）中深井钻穿多套压力系统，高温高压条件下钻井液密度不易控制，易发生井漏，防漏和堵漏的难度增加。

3.2 技术优化

3.2.1 直井优化

直井完钻井深为 2850m，对接点深度为 2808m，直井要求下入外径 177.8mm、钢级 N80、壁厚 8.05mm 的生产套管，保证换热效果。

3.2.2 水平井优化

对接井下入外径 177.8mm、钢级 N80、壁厚 8.05mm 的生产套管，水平段长度为 1000m，保证换热效果。

为了提高造斜段井眼轨迹控制精度，造斜段钻具组合设计单弯螺杆造斜、LWD 随钻监测井眼轨迹。根据实钻情况，采用滑动钻进和复合钻进方式。

为了提高机械钻速，水平段钻具组合设计单弯螺杆造斜、LWD 随钻监测井眼轨迹，并安装震击器。施工中尽量减少滑动钻进，使井眼轨迹平滑，防止局部狗腿过大；快到对接点时采用稳斜对接。

3.3 磁导向技术应用

随钻测量[7]、井筒测量等仪器的低测量精度及其滞后性造成了传统的轨迹测控仪器不能满足两井精确连通的需要，因此工程上通过磁定位[8]技术来实现 U 型井连通。

磁定位是利用测量的磁场信号来确定正钻井相对于参考井距离和方位的一种导向技术。通过在参考井中布置一个人工磁场源，人为地控制该磁场源产生的磁场几何分布、频率范围及强度，实现在钻井过程中对邻井井眼空间位置进行高精度定位与导航，达到两井精确连通的目的(图 6、图 7)。

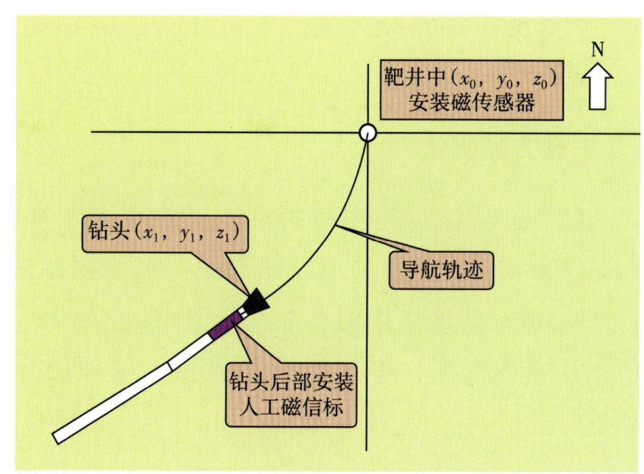

图 6　磁定位技术连通原理图

试验区 U 型井对接采用直井对接井段裸眼完井方式，磁导向对接连通技术要求如下：

（1）采用 DRMTS 强磁对接仪配合随钻测量仪器（MWD）进行对接连通作业。

（2）精确测量对接井与目标直井的井口坐标和井口标高，并将两口井井口坐标和高程导入统一的测量系统。

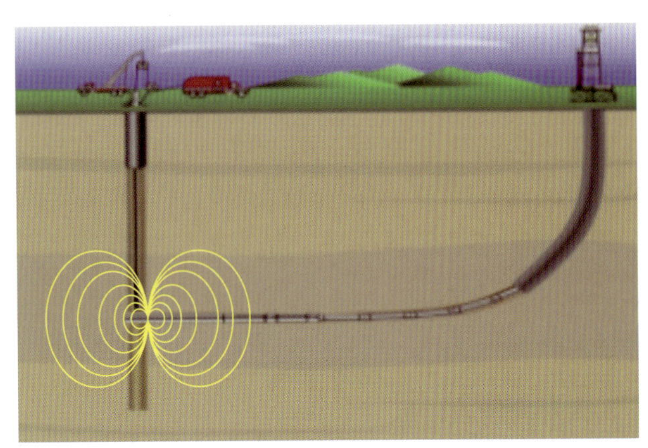

图 7　磁定位技术连通工艺图

(3) 施工过程中，要根据 MWD 测量的数据及时对井斜和方位进行调整，争取一次对接成功。

3.4 钻井液体系优选

在高温环境中，黏土粒子分散度增大，某些处理剂分子量产生改变，钻井液及处理剂容易降解失效，难以发挥正常的循环、护壁和携岩等功能[9]。

U 型井二开优选了钾盐共聚物钻井液[10]，该钻井液体系高温稳定性、井壁稳定性良好；水平井三开优选了油基钻井液，该钻井液性能稳定，确保钻井施工安全。

3.5 完井方案优化

设计直井井口至井深 1500m 处采用保温水泥，井深 1500m 处至井底采用导热水泥；水平井井口至井深 500m 处采用保温水泥，井深 500m 处至井底采用导热水泥，可提高固井质量，保证施工安全。

4 结　论

(1) 地热能是环保的可再生资源，是比较现实的清洁替代资源。

(2) 对比单井循环地热技术，从井身结构选择、地热储层特性等多方面考虑换热效率，优选 U 型井开发方式。

(3) 通过新钻 U 型井和改造废弃井开展先导试验，后期通过监测温压场数据变化，有助于形成中深层地热能“取热不取水”技术体系。

(4) 下一步依据先导试验区 U 型井钻完井经验，优化施工工艺，优化钻完井技术，进一步降低施工成本，提高换热功率。

参考文献

[1] 隋祎凡．单井循环地热系统传热性能的数值模拟研究 [D]. 天津：天津大学，2019.

[2] 李小波．地热钻井井型选择及参数优化设计 [D]. 西安：西安石油大学，2019.

[3] 翟丽娟．中深层 U 型对接井“取热不取水”技术研究 [J]. 中国煤炭地质，2020，31 (增刊 1)：12-15.

[4] 罗娜宁，刘林，申小龙，等．中深层 U 型井供热技术原理与实践 [J]. 节能技术，2021，39 (5)：436-441.

[5] 周乐．高温地热高效开发钻井关键技术探究 [J]. 云南化工，2022，49 (1)：125-126.

[6] 罗鸣，冯永存，桂云，等．高温高压钻井关键技术发展现状及展望 [J]. 石油科学通报，2021，6 (2)：228-244.

[7] 李童．A 油田 A-1 救援井钻井设计与施工 [G]//大庆油田有限责任公司采油工程研究院．采油工程 2023 年第 1 辑．北京：石油工业出版社，2023：34-38.

[8] 杨连行．磁导向钻井技术在辽河油田复杂结构井的应用 [J]. 石化技术，2022，29 (6)：69-71.

[9] 李振领．高温高压钻井关键技术发展现状及展望 [J]. 冶金与材料，2022，42 (4)：174-178.

[10] 刘美玲，崔明琳，杨金龙，等．大庆深层气井钻井液使用浅析 [G]//大庆油田有限责任公司采油工程研究院．采油工程 2023 年第 2 辑．北京：石油工业出版社，2023：43-46.

抽油机减速箱输出轴渗漏治理

常 晖

（大庆油田有限责任公司第七采油厂）

摘 要：为了有效治理抽油机减速箱输出轴渗漏，提高抽油机运行效率，分析抽油机减速箱输出轴渗漏原因，一方面是输出轴密封件磨损失效；另一方面是润滑油被杂质污染、堵塞回油道造成的。为了治理渗漏问题，分别研制了盒式磁吸附装置、磁流体密封装置和新型呼气阀，现场应用 322 口井，无渗漏情况出现。抽油机减速箱输出轴渗漏治理措施安全有效，能够提高减速箱的运行效率。

关键词：减速箱；渗漏；磁流体；磁性吸附装置；呼气阀

在油田开发中，游梁式抽油机作为抽汲设备被广泛采用，其工作实质是将电能转换成机械能，并将井筒内的液体从井底抽到地面，举升了这部分液体的势能，实现电能—机械能—势能的转换。能量的传递主要依靠电动机、减速箱、四连杆、抽油杆等完成，其中减速箱的主要作用是降低电动机的转速、提高扭矩，是抽油机重要组成部分。

在抽油机运行过程中，由于减速箱输出轴端口、输入轴端口的密封处密封失效，容易造成减速箱润滑油渗漏[1]，如长期不解决，不仅增加机械故障率，还造成环境污染、材料等资源的浪费，严重的还能造成设备报废、甚至人员伤亡。现有的维修技术需要拆卸曲柄、打开端盖、更换密封圈清理油道[2-3]，维修成本高、工时长，操作存在一定的安全风险，而且治理效果差，仅能维持半年左右。在现场管理中，减速箱输出轴密封处渗漏是使用游梁式抽油机的共性问题，是目前生产中亟待解决的问题。目前的技术解决方案和技术发展现状为：一是使用润滑油过滤装置；二是使用密封结构。这些技术各具优点，但受减速箱空间狭小、不允许外挂部件等要求限制，必须根据实际情况研究新的治理方法。

1 减速箱装置的组成

减速箱由输入轴、中间轴、输出轴、齿轮及轴承、润滑油、箱体（上部箱体、下部箱体）、固定底座、防腐漆膜、堵塞螺丝、检查视窗、呼气阀、润滑油液位视窗、各轴端盖、密封件、紧固螺丝组成[4]。减速箱输出轴渗漏不但影响轴部的密封，还影响内部组件（图 1）。

a. 减速箱输出轴渗漏

b. 轴承损坏

c. 齿轮损坏

图 1 减速箱输出轴渗漏及影响

作者简介：常晖，1985 年生，男，工程师，现主要从事工程建设项目管理研究工作。

邮箱：cy7_changhui@ petrochina. com. cn。

2 减速箱的工作原理

2.1 动力传递原理

抽油机减速箱接受电动机传递来的动力，一般形式为齿轮传递动力。减速箱内动力由输入轴（一轴）通过齿轮传递给中间轴（二轴），再传递给输出轴（三轴）齿轮。由一轴的高速运转经过三轴两级减速，将转速降低，增加扭矩后输出给抽油机两侧曲柄，带动抽油机运转，动力传递设备如图 2a 所示。

2.2 润滑油润滑方式

齿轮轴承（轴承处在减速箱的中部）采用油浴润滑，将齿轮旋转带动上来的润滑油通过刮板分流到导槽，再顺流到轴承一侧的槽中，另一侧通过回油道流回到储油池，如图 2b、c 所示。

a. 动力传递

b. 润滑构造

c. 14型抽油机减速箱回油道

图 2　抽油机减速箱内部动力润滑示意图

3 渗漏产生的主要原因

仔细观察减速箱输出轴密封漏失处，并拆卸漏失的密封圈，发现密封处有杂质存在，回油道被杂质堵死，杂质的成分几乎都是铁屑（图 3a）。减速箱上盖内部存在严重的锈蚀，被氧化的铁锈成片脱落（图 3b），而且减速箱内存在着严重的水汽。轴部出现槽状，磨损严重，铁屑油泥在轴部出现堆积现象（图 3c）。对现场漏失的减速箱进行简单的油道疏通、密封圈清理和输出轴重新安装，可解决漏失问题。但随着使用时间的推移，润滑油仍然会堵塞回油道出现渗漏现象。

a. 密封处的杂质

b. 内壁的锈蚀

c. 轴部的磨损

图 3　抽油机减速箱内部锈蚀情况

通过分析得出，渗漏主要来自于两方面：一方面是输出轴密封件磨损失效；另一方面是润滑油被杂质污染。这是由于齿轮轴承采用油浴润滑，齿轮在转动时润滑油飞溅形成油膜附着在齿轮上，而轴承处在减速箱的中部，将齿轮旋转带动上来的润滑油通过刮板分流到导槽，再顺流到轴承一侧的槽中，另一侧通过回油道流回储油池（图 4a、b）。如回油道被油污堵塞，易造成回流液面增高。当回流液面超过轴承的轴外缘与箱体的密封曲面时，轴承长时间如此浸泡则产生渗漏现象。解决该渗漏问题转为解决润滑油被污染问题（图 4c）。

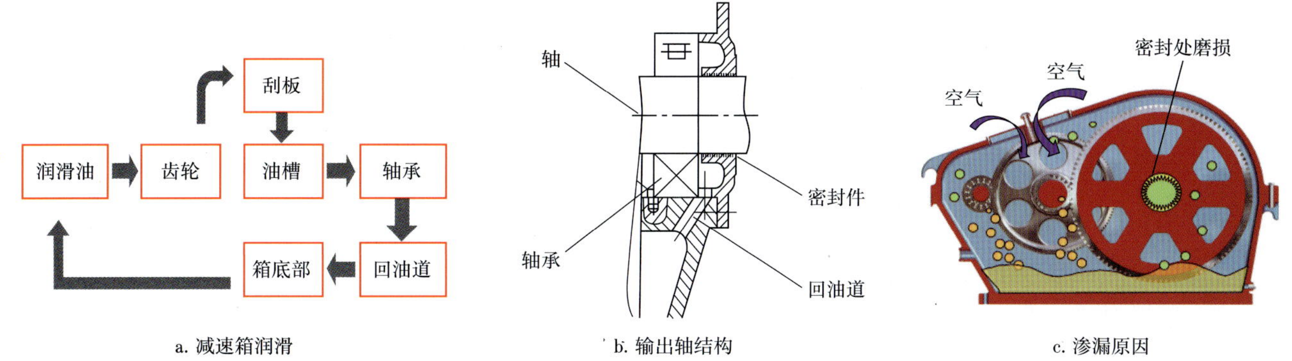

a. 减速箱润滑　　b. 输出轴结构　　c. 渗漏原因

图 4　减速箱润滑、输出轴结构及渗漏原因示意图

进一步分析，杂质、油污堆积堵塞及密封件磨损来自于以下方面：

（1）齿轮啮合运转、摩擦产生的铁屑（金属细屑）被润滑油带走，铁屑进入润滑油中，没有过滤或去除铁屑的装置。

（2）由于减速箱内外气压需要平衡，减速箱上部安装有直通呼气阀，通过呼气阀进入的氧和水汽在温度降低时凝结成水。空气进入、排出没有净化装置，氧、水汽和铁反应造成箱体内部锈蚀，产生的铁锈掉落润滑油中与铁屑形成油泥。

（3）油泥在箱体内粗糙部位和回油道产生堆积堵塞，造成润滑油回流不畅，形成“堰塞湖”现象，油浸密封部位并叠加密封件磨损造成漏失。油泥在回油道的粗糙部位、拐角部位长时间堆积后会结成铁屑硬块（堆积会存在 1~10a，甚至 10a 以上），从而对轴部造成局部严重磨损。减速箱在更换润滑油时，清洗不到回油道部位，尤其是低转速运转的抽油机，5~10a 不能解体大修，堆积的情况会更加严重。

（4）根据流体力学的理论，流体在流道内壁处的流动速度几乎接近于零，尤其是润滑油的流动。因为润滑油会在金属表面形成一层油膜，这层油膜更是影响了润滑油的流动。这也是润滑油中油泥容易产生堆积的一个原因。

（5）密封件设计缺陷，密封接触部位易产生磨损，尤其是对轴的磨损，轴磨损后不易修复[5-6]。

4 减速箱装置渗漏的分项治理

4.1 针对齿轮啮合产生铁屑的治理

研制磁吸附装置，对已产生铁屑的减速箱进行事中处理。利用磁吸附装置吸附混在润滑油中的铁屑微粒，并固定在收集盒内，阻止铁屑堆积、污染润滑油。在室内实验中，将含有相同铁屑的润滑油放置于两个试管中，模拟吸附过程。图 5a 是安装磁吸附装置前后净化效果图。

结构及原理：磁性吸附过滤器使用钕磁块吸附，采用盒式装置固定在减速箱的底部（图 5b），尽可能地将齿轮下部的减速箱底部铺满。磁性部分浸在润滑油中，在润滑油被搅动及流动过程中，润滑油中的铁屑吸附固定在钕磁块上，定期对磁性吸附过滤器进行人工清理。

优点：该装置安装在减速箱内底部，利用减速器内润滑油的自流动对润滑油内的铁质粉末进

a. 磁吸附前后净化效果

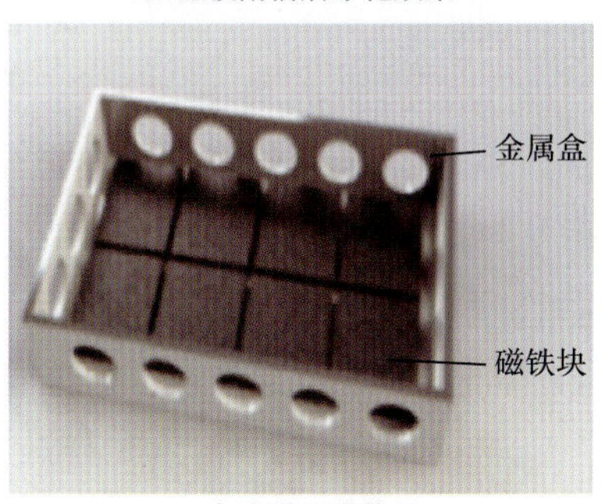

b. 盒式磁吸附装置

图 5　磁吸附装置及吸附效果图

行过滤，不使用动力源。净化过滤装置固定安放在减速箱内部，可防止润滑油的渗漏，放于底部，避免给减速箱带来危害。

4.2 针对密封件磨损失效的治理

齿轮长期啮合运转，润滑油中会产生铁屑，因此采用磁流体密封非常适合减速箱输出轴密封。

结构：针对密封件磨损失效，研制了磁流体密封装置，该装置主要由隔磁体、磁靴组成（图6a）。在减速器轴部端盖与磁块之间加装环形隔磁体，环形磁铁块安装在环形隔磁体内；在减速器轴上加装带有环形沟槽的磁靴用以存储磁流体，形成动环，环形隔磁体安装在箱体输出轴外壁上构成定环，动环与定环构成磁流体密封。

原理：当把纳米级的磁流体注入到高性能的环形磁铁块与导磁良好的磁靴所构成的磁回路的间隙中，在磁场的作用下，磁流体在间隙中形成数个液体O形圈，其数量与设计的牙槽个数相等。当磁流体受到压差作用时，磁流体在非均匀磁场中微略移动，产生了对抗压差的磁力，从而达到新的平衡，起到了密封作用，磁靴牙槽的数量越多，阻挡力量越强。利用或改造减速器轴部端盖进行磁流体密封装置的结构设计[7]（图6b）。

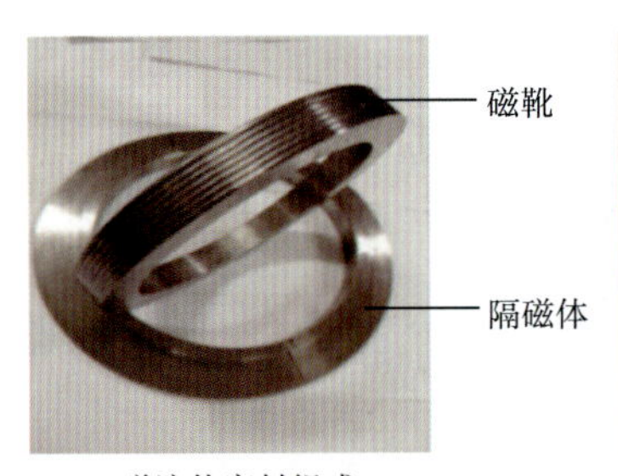

a. 磁流体密封组成

b. 磁流体密封结构

图6　磁流体密封装置图

优点：由于用于磁流体的基础液（润滑油）是一种惰性、稳定、低蒸气压的材料，挥发量极低，正常工作寿命一般在5a以上，因此磁流体密封装置寿命长。在正压情况下，正压承压能力超过19.6N/cm^2，密封可靠性高，且磁性液体密封为零泄漏。在密封件内部只有磁靴与磁流体的接触摩擦，不存在机械磨损。

4.3 针对内壁生锈产生铁屑的治理

原减速箱上的呼气阀（图7a）结构简单，采用直通方式换气，没有过滤功能。因此研制了新型呼气阀（图7b），内置高效干燥剂。

a. 原呼气阀

b. 新型呼气阀

图7　呼气阀实物图

结构：新型呼气阀（图8）由外壳、防溅油罩、内胆、硅胶干燥剂颗粒、过滤棉、单向阀等组成。

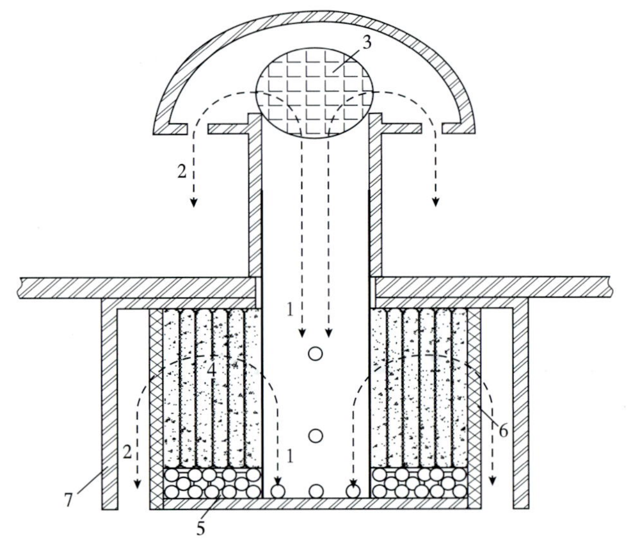

图8　新型呼气阀示意图

1—箱内空气体积收缩时吸入；2—箱内空气体积膨胀时排出；3—单向阀（使箱内形成微负压）；4—高剂颗粒；5—硅胶干燥剂颗粒；6—过滤棉；7—防溅油罩

原理：呼气阀内部装有硅胶干燥剂颗粒，保证进入的空气是干燥的（湿度在20%以下），在呼出空气时再吸收减速器内的湿气并排出一部分湿气；减速器内部的氧与高剂颗粒反应消除减速器内部的大部分氧，抑制减速器内部的氧化还原反应，从而减缓箱体内壁生锈。

优点：新型呼气阀消除了湿气和氧气，降低了箱体内壁生锈的可能，减缓了润滑油的氧化反应，使箱体内润滑油中的杂质更单一，箱体内污染润滑油的杂质仅为摩擦产生的金属细屑，便于吸附清理，对齿轮润滑油的性能起到了保护作用。

同时箱体内空气温度高，空气受热膨胀呼出时会带走大部分干燥剂吸附的水份，可以保证干燥剂的使用效果。在减速箱密封情况下，正常使用的干燥剂几乎不用更换，降低了运行维护成本。

5 现场试验

5.1 盒式磁吸附装置的应用

2021 年 7 月 15 日采用盒式磁吸附装置（图 9a）试验了井 1、井 2 两口井，试验结果：磁吸附装置内的润滑油中的铁屑较多（图 9b），8 月 13 日检查发现吸附的铁屑比上次的量要少（图 9c），清理后再次放入，8 月 24 日检查时铁屑数量再次减少（9d），说明磁性吸附装置在不断吸附铁屑，润滑油中的铁屑越来越少，试验成功。

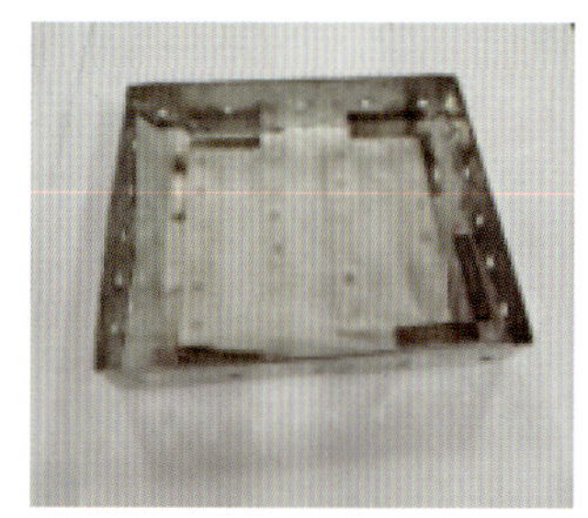
a. 盒式磁吸附装置

b. 多块磁铁吸附效果

c. 4块磁铁吸附效果

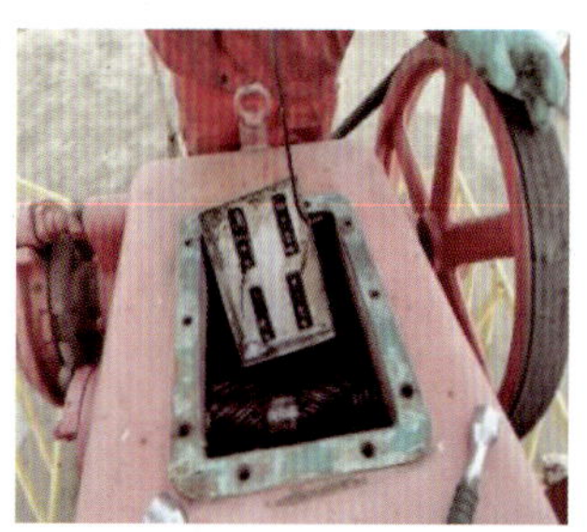
d. 取出磁吸附装置

图 9　盒式磁吸附装置及效果图

5.2 磁流体密封装置的应用

采用磁流体密封装置于 2021 年 8 月 20 日进行 2 口井现场试验，将 2 口井的回油道堵上，让密封处油面高于轴承端盖密封面，同时打压试验，减速箱内部压力接近 1MPa 时，压力密封情况良好（图 10a、b）。8 月 24 日打开密封处端盖检查，磁流体密封装置密封效果良好（图 10c）。

a. 减速箱打压

b. 减速箱打压1MPa

c. 磁流体密封装置密封效果

图 10　磁流体密封装置试验图

5.3 新型呼气阀的应用

新型呼气阀于 2021 年 6 月 9 日进行现场应用。新型呼气阀内的硅胶干燥剂有膨胀过的痕迹，颜色由白色转变成粉色，无凝结水珠。每间隔 10d 开箱检查一次，干燥装置内部裸露的铁质部分未产生锈蚀，试验效果较好，干燥剂可以继续使用（图 11a、b）。同时在一个安装有新型呼气阀和一个没有新型呼气阀的减速箱上盖进行对比，发现没有新型呼气阀的减速箱上盖产生新的锈蚀及水珠，说明干燥剂对箱内湿气起到了干燥作用（图 11c、d）。

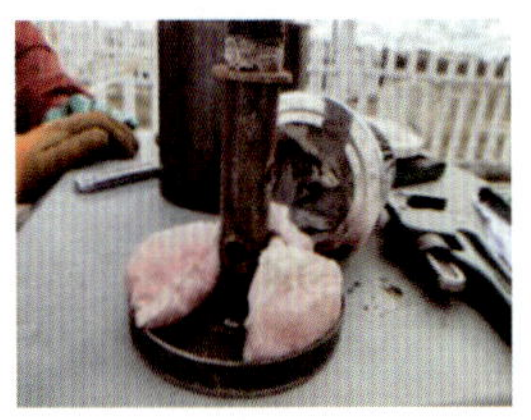
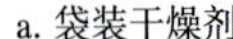

a. 袋装干燥剂　b. 颗粒状干燥剂　c. 有新型呼气阀的上盖　d. 无新型呼气阀的上盖

图 11　干燥剂吸收水汽及锈蚀对比图

6 成果应用

6.1 应用范围及数量

在取得两口井成功经验后，先期推广了 30 口井，并制定了相应的管理制度，截至目前现场应用 322 口生产井。老井应用时，1 个月内分 3 次对盒式磁吸附装置进行清理，后期在春秋季保养时进行清理。

6.2 应用效果

历经 28 个月的多雨天气，与同等条件油井相比，减速箱内铁屑堆积量降低 90%，油品洁净回油道通畅，密封效果良好无渗漏。与同一时期投产的两口井进行对比，即一口井安装有盒式磁性吸附装置、磁流体密封装置和新型呼气阀，另一口井没有采取治理措施，由图 12 中减速箱输出轴部位的渗漏对比情况看，效果明显。

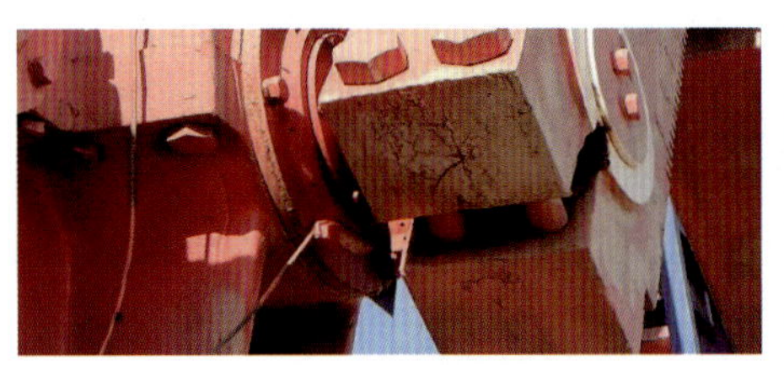

a. 采取治理措施

b. 没有采取治理措施

图 12　治理效果对比图

7 结　论

（1）减速箱输出轴渗漏治理从单纯的治漏转到润滑油的综合治污，改变了以往治标不治本的情况。同时由于润滑油纯净度的改进，提升了减速箱运行效率，并延长了润滑油、轴、轴承的使用寿命。

（2）应用磁流体密封装置对减速箱轴部进行密封，由于隔磁体（动环）、磁靴（静环）以非接触方式运转，可保证密封件不磨损，同时减少了密封件对轴的磨损，可长期应用。

（3）研发的减速箱输出轴渗漏治理成果可提升减速箱的运行效率，应用前景广阔。但由于盒式磁吸附装置、新型呼气阀需要不定期打开减速箱盖进行检查、清理，需要维护人员上井维护。

参考文献

[1] 马玉宁，赵黎明，刘建伟，等. 抽油机减速箱输出（入）轴漏油分析与治理［J］. 中国新技术产品，2013（4）：14-15.

[2] 熊涛，马惠，高培森. 抽油机减速箱漏油的解决办法［J］. 油气田地面工程，2004，23（10）：36.

[3] 高宏亮，张建林，朱志平，等. 游梁式抽油机常见故障分析与解决措施［J］. 石化技术，2018，25（7）：303.

[4] 万仁溥. 采油工程手册［M］. 北京：石油工业出版社，2000.

[5] 徐良. 采掘机械漏油与密封技术的探讨［J］. 煤矿机械，2002（3）：34-35.

[6] 许振石，樊军. 现代密封技术概述［J］. 传动技术，2010，24（4）：38-40.

[7] 杜存臣，林慧珠. 极靴结构对磁流体密封能力的影响［J］. 化工装备技术，2006，27（2）：71-73.

ABSTRACT

Analysis of the inspection technology for sucker rods and its development

Zheng Gui[1,2,3], Ma Qianhui[1,2], Wang Guiquan[1,2,3], Hu Zhenxing[4], Shu Hongyu[1,2]

1. *Production Technology Institute of Daqing Oilfield Limited Company*;

2. *Heilongjiang Provincial Key Laboratory of Oil and Gas Reservoir Stimulation*;

3. *National Key Laboratory of Continental Shale Oil Green Production with Multi-resource Collaboration*;

4. *No.3 Oil Production Company of Daqing Oilfield Limited Company*

Abstract: With the development of unconventional oil reservoirs in some large oilfileds of China, the performance of sucker rods in rod pumping system needs to have higher requirements, which results in the corresponding changes in the performance index of sucker rods. By studying the development course of inspection standards for sucker rods, the change of performance index, inspection items and inspection methods of sucker rods are summarized. The development trend of sucker rods was analyzed, and optimization suggestions for sucker rods detection technology were put forward, which provided technical reference for the use of sucker rod standards, the formulation of national standards and the development of detection technology.

Key Words: sucker rod; inspection item; inspection method; performance index; development trend

Present situation and prospect of lifting technology for cluster pumping units with hydraulic direct driving

Gao Dapeng

Development Department of Daqing Oilfield Limited Company

Abstract: Due to the fact that the beam pumping unit was limited to the structure and operating conditions of the system, its average power consumption efficiency may be less than 30%. While the hydraulic pumping unit lifting technology has the advantages of energy-saving and emission reduction, green and low-carbon, safety and environmental protection, high intelligence, low cost, labor-saving, small land occupation, etc. It is applicable to intensive construction and production, factory operation, and intelligent control for small and medium displacement in oil wells, with significant technical advantages and good application prospects . The structure, working principle, technical advantage and deficiency of three kinds of hydraulic pumping units widely used at present were summarized by investigating the technical application status of hydraulic pumping units at home and abroad. At the same time, the field application effects for three kinds of hydraulic pumping units were tracked and evaluated from the aspects of power saving rate and economy. Finally, the technical challenges and future development trend of the hydraulic pumping units were put forward. It will lay the foundation and point out the direction for the multidevelopment, the technical series and management mode, the improvement of design level of scientific personnel and the realization of popularization and application of the hydraulic pumping units.

Key Words: hydraulic pumping unit; hydraulic system; energy saving; intelligence; lifting technology

Evaluation of application effect of indicator diagram technology with electric parameter inversion through digital acquisition in pumping wells

Kong Huiyun[1], Hou Zhixin[2], Zhao Jiaqiu[2], Cao Dinghong[2], Kou Hongbin[2]

1.*No.4 Oil Production Company of Daqing Oilfield Limited Company*;

2. *No.7 Oil Production Company of Daqing Oilfield Limited Company*

Abstract: By combining the indicator diagram technology with electrical parameter inversion through digital acquisition for pumping wells with enterprise standard《Technical regulation of data collection on development well of oil reservoir Q/SY 01157—2020》and the relevant system requirements, the evaluation standards of main monitoring data for mechanical oil recovery wells, such as upper and lower stroke current, load and indicator diagram, were formulated. By means of field verification, the on-line rate of equipment and the continuity, stability and accuracy about real-time continuous data acquisition were tracked and evaluated, and it is determined that the technology can meet the needs of oilfield production management, which provides basic data support for promoting the pace of oilfield digital construction and building the smart oilfield.

Key Words: pumping well digitization; acquisition; electrical parameters; inversion; indicator diagram

Application and optimization of flexible metal anti-scaling pump

Zhang Jing

No.4 Oil Production Company of Daqing Oilfield Limited Company

Abstract: There are currently 146 frequent scale sticking wells in X Block during the peak period of scaling, with a total of 254 times of pump stuck accidents per year and an average pump inspection cycle of only 194 days. Compared with the average pump inspection cycle of 1055 days in pump wells by water flooding, the oil production wells by ASP flooding not only greatly increases the production costs, but also seriously affects the crude oil production. The study was conducted on flexible metal anti-scaling pumps to solve the problems of short pump inspection cycles and poor operational performance caused by scale sticking accidents by ASP flooding. By optimizing the material of the leather bowl, further reducing the initial clearance, and improving the scraping ring on the plunger, the anti-scaling ability can be improved. The effect of better operational performance and longer pump inspection cycles for production wells has been achieved. After optimization, the average pump efficiency increased by 7.8%; and the maintenance free period for operation wells has reached 315 days so far.

Key Words: ASP flooding; flexibility; scale sticking; anti-scaling sticking; pump inspection cycle

Exploration of deep acid fracturing technology for carbonate rocks of Maokou Formation in Hechuan Gas Field

Lu Shutao[1,2], Ma Wenhai[1,2], Qi Xiangsheng [1,2], Zhang Yong[1,2], Yang Chuncheng[1,2]

1. *Production Technology Institute of Daqing Oilfield Limited Company*;

2. *Heilongjiang Provincial Key Laboratory of Oil and Gas Reservoir Stimulation*

Abstract: In order to solve the problem of carbonate reservoir stimulation in the Maokou Formation of Hechuan Gas Field, and to explore the deep acid fracturing technology, a full-diameter true triaxial acid fracturing physical model experiment was carried out based on CT scanning and three-dimensional reconstruction technology by using carbonate rock samples from the Maokou Formation in the Hechuan Block. According to the principle of mass conservation, a mathematical model of acid flow was established, and the parameters of acid fracturing technology were optimized by using Stimplan software. The study showed that the complex fracture network formed by acid fracturing was controlled by the development of fracture-cavity in reservoir, which could communicate more fracture-cavity bodies and realize the maximum stimulation volume. However, it needs to adopt a large displacement, large-scale, multi-stage alternative injection method for stimulation. Based on the previous operation knowledge, the targeted acid fracturing stimulation measures were made. The gelling acid and acid fracturing fluid were injected alternately in three stages in the Well T8 on site with the gelling acid of 650m^3 and the acid fracturing fluid of 330 m^3. The gas production after fracturing was 208.7×10^4 m^3/d. The successful operation of the Well T8 can provide a reference for the acid fracturing in same type of reservoirs in the future.

Key Words: carbonate rock; deep acid fracturing; fracture morphology; multi-stage alternation; parameter optimization

The improvement and application of high-efficient measurement and adjustment technology for chemical flooding

Zhao Kun[1], Yi Kun[2], Liu Geng[3], Yin Xu[4], Sun Yufei[5]

1. *No.6 Oil Production Company of Daqing Oilfield Limited Company* ;

2. *No.1 Oil Production Company of Daqing Oilfield Limited Company* ;

3. *Qingbei Industry and Mining Service Co.of Daqing Oilfield Limited Company*;

4. *Engineering & Construction Co.,Ltd of Daqing Oilfield Limited Company*;

5. *No.4 Oil Production Company of Daqing Oilfield Limited Company*

Abstract: In order to solve the problems of low torque output, low flow detection accuracy and narrow flow channel of adjustable plug, which exist in the current high-efficient measuring and adjusting technology of chemical flooding in Daqing Oilfield, the improvement of high-efficient measurement and adjustment technology for chemical flooding has been carried out. The output torque of electric controlled measuring and adjusting instrument has been increased to 20 N · m by optimizing the internal structure of electric motor and rearranging the internal coil layout in the electric controlled measuring and adjusting instrument, which further improved the success rate of the measurement and adjustment. According to the flow characteristics of chemical flooding solution, the internal structure of electromagnetic flowmeter was optimized to improve the electromagnetic induction effect on the flow of chemical flooding solution, and the internal flow channel was changed into the external flow channel, increasing the flow passage while improving the detection accuracy. The expansion and adjustment mechanism in adjustable plug was redesigned; the outside diameter of the pressure reducing groove of the adjustable plug was enlarged to 18 mm; and the viscosity loss rate was further reduced to 5.6%. In the aspects of anti-corrosion and anti-scaling, the corresponding effects of downhole tools were greatly improved by optimizing the anti-scaling material of polytetrafluorides. The improved high-efficient measurement and adjustment technology for chemical flooding has achieved good results in field application. 16 well tests in the field have been carried out, and the qualified rate of primary adjustment was over 95%. The technology has certain reference value for improving the injection technology and the flooding effect of chemical flooding.

Key Words: chemical flooding; high efficient measurement and adjustment; plug; measuring and adjusting instrument; improvement

Application of chemical sand consolidation fracturing technology in Lamadian Oilfield

Hao Zhenxing

Downhole Service Company of Daqing Oilfield Limited Company

Abstract: The reservoir of Lamadian Oilfield is mainly composed of sandstone and mud siltstone, characterized by shallow burial, loose cementation, and easy to produce sand. Therefore, the application of chemical sand consolidation fracturing technology can meet the needs of oil and gas production with high cost performance in this block. The technology research has been conducted by combining the indoor experiments such as sand consolidation agent selection, technical process optimization, compatibility experiments, core damage experiments and field applications. After applying chemical sand consolidation fracturing technology, the success rate of the measures was 99.1%; the sand production ratio was reduced by 19.3%; the average daily oil increase was 3.0 t; the average daily water injection increase was 11 m^3 and the injection pressure was lowered by 0.9 MPa. The research results indicated that chemical sand consolidation fracturing wells could effectively prevent sand production after fracturing and increasing production and injection. The overall effect of the measures was good.

Key Words: sand production well; fracturing; sand production; chemical sand consolidation; increase production and injection

Drilling design optimization and practice of the Well M203-P1

Yang Jinlong, Wang Penghao, Pan Rongshan, Tao Lijie, Zhang Chunxiang
Production Technology Institute of Daqing Oilfield Limited Company

Abstract: Well M203-P1 is a tight oil horizontal well that requires large-scale fracturing stimulation. In order to solve some technical difficulties such as easy gas invasion in shallow gas layers development, easy well leakage in faults, low drilling efficiency and high difficulty in preventing collision in platform wells, the optimization on wellbore structure, drilling parameters, wellbore trajectory, etc. have been carried out, so as to ensure operation safety, reduce operation difficulty, shorten drilling cycle and keep wellbore integrity, which can meet the requirements for improving the drilling quality and efficiency. After actual drilling verification, the average drilling rate in third drilling phase was 17.63 m/h, 44.6% higher than that of adjacent wells. The drilling and completion cycle was 27.08 days, 18.1% shorter than that of adjacent wells. The drilling penetration rate in oil bearing sandstone was 100% and the qualification rate of wellbore quality was 100%, with high-quality cementing, achieving good operation results. It has significant reference for the design of horizontal wells in similar developing block.

Key Words: tight oil; horizontal well; drilling; optimization; design; operation

Analysis of casing head selection in Daqing Oilfield

Liu Meiling, Li Jifeng, Ma Jinlong, Wang Weidong, Han Dexin
Production Technology Institute of Daqing Oilfield Limited Company

Abstract: The casing head is an important wellhead device that seals the annular space of casings, bearing the weight of the casings and the pressure from the casing annulus. There are many types of casing heads, and the parameters of each component are complex. The selection of casing heads is a strong comprehensive technology that needs to consider the purpose of the well, actual field on-site conditions, later measures to increase production, material level, pressure resistance strength, corrosion resistance, and sealing performance, etc. With the continuous exploration and development of Daqing Oilfield, as well as the promotion and application of tight oil wells, shale oil wells, gas storage facilities, the selection method and installation of casing heads need to be standardized. Therefore, the selection of performance parameters for casing heads was analyzed from two aspects of environmental factors and operation conditions. Requirements were made for the installation and maintenance of casing heads, and case studies have been conducted to analyze the selection of casing heads for four types of well conditions on site. Through the research mentioned above, the types of casing heads have been standardized, and the performance requirements for casing heads have been enriched and improved, which provides a guidance for the selection of casing heads in Daqing Oilfield.

Key Words: simple casing head; standard casing head; material level; hanging method; installation of casing head

Application of pressure controlled drilling technology in scattered renewal wells with dense well pattern in Placanticline Old Area

Zhao Dongliang, Song Lijun, Dong Yuhui, Wang Yueying

Drilling Engineering Company of Daqing Oilfield Limited Company

Abstract: The water flooding and chemical flooding coexist in the dense well pattern block in Placanticline Old Area, with the characteristics of multiple well pattern layers, high well pattern density and complex pressure system etc. There are some problems such as high safety risk, difficult to guarantee the cementing quality, great influence on well area production when using the conventional drilling and completion methods for scattered renewal wells. According to the prediction of dynamic pressure in well area for the pressure controlled drilling technology, the limited control injection standard was established, and the formation pressure was balanced effectively by accurately controlling annulus pressure to realize safe drilling operation. The cementing quality can be improved by adopting the technology of "cement slurry system with dual-setting and channeling prevention & pressure controlled cement setting". The technology has reduced the distance of water injection wells around the drilling well from 300 m to 50 m, and the injection wells within the range of 50～150 m control injection by reducing pressure. The significant reduction in the number of shut-in injection wells largely reduced the impact on the well production within 300 m. The injection-production relationship of well groups in chemical flooding area was timely improved to ensure the continuity of injection agent slug and to improve the flooding efficiency. Pressure controlled drilling technology has played an important role in improving well group and overall development effect in Placanticline Old Area.

Key Words: pressure controlled drilling technology; dense well pattern; scattered renewal wells; 50 m shut-in injection wells around drilling well; cementing technology

Study and application of effective abandoned treatment technology for non-passage and junk wells

Han Yang[1], Sun Liang[1], Han Zhonglian[2], Liu Junwei[1], Lei Cheng[1]

1. *Downhole Service Company of Daqing Oilfield Limited Company*;

2. *Production Technology Institute of Daqing Oilfield Limited Company*

Abstract: In order to solve the effective abandonment problems that passage cannot be opened and junk wells under different well conditions, the effective abandoned plug analysis was carried out through technical methods, such as downhole junk analysis, squeezing analysis and formation connectivity analysis. According to the downhole junk, geological conditions, and passage conditions (determined by the squeezing injection volume), the abandoned plug method was determined. The abandoned plug technology under different conditions was studied, so as to achieve the effective abandoned plug treatment for wells that passage cannot be opened or passage has lost. A set of effective abandoned treatment technology methods for non-passage and junk wells was developed under different well conditions, including using original well string abandonment technology, using original wellbore squeezing abandonment technology and different wellbore abandonment technology for non-passage wells. The corresponding process workflow standards were formed. 44 wells were tested on site, and the success rate of the process was 100%. The average operation period of a single well was 7.78 days, which shortened the average operation time of the same kind of wells by 3.03 days. The technology has improved the block recovery rate, and has achieved the effective treatment for the same kind of wells.

Key Words: Non-passage; junk; different wellbore; abandoned treatment; effective plug

Discussion on the foundation construction of photovoltaic power generation pile in wet marsh areas

Zhao Guohong

Administrative Affairs Service Center of Daqing Oilfield Limited Company

Abstract: In order to solve the difficulties in the foundation construction of photovoltaic power generation pile in wet marsh areas, as well as the potential induced decline (PID) effect of photovoltaic equipments easily caused by humid and high temperature environments, the discussion on the technology of the foundation construction of power generation pile has been carried out based on the construction of a 2.3 MW photovoltaic power station for Clean Energy Comprehensive Utilization Project (Photovoltaic Utilization Project) in Longyilian Area of Daqing Oilfield. The key points of the foundation construction of power generation pile and the process requirements for pile driving and connection were elaborated, and the methods to reduce pile head damage were proposed. It provided a certain reference for the selection of foundation construction methods in subsequent photovoltaic projects in wet marsh areas.

Key Words: wet marsh areas; photovoltaic power generation; potential induced decline; static pressure pile; hammering pile

Analysis of common accidents and preventive measures in infrastructure construction

Zhao Chen

Administrative Affairs Service Center of Daqing Oilfield Limited Company

Abstract: In order to prevent frequent safety accidents during infrastructure construction, through research on the lessons learned from domestic infrastructure accidents, the accident causation theory (trajectory cross theory) for risk assessment method has been used to find that the main types of accidents in infrastructure construction were falling from high places, collapse, electric shock, physical impact and mechanical injury. The preventive measures were proposed for these five types of accidents and risks, which provided a reference for the safety production and sustainable development of infrastructure systems.

Key Words: infrastructure security management; falling from high places; collapse; electric shock; physical impact; mechanical injury; analysis of causes; preventive measures

Engineering research on geothermal alternative experiment of U-shaped well in X Oilfield

Zhou Xinrong, Li Tong, Wu Guangmin, Jiang Ru, Ma Yuanyuan

Production Technology Institute of Daqing Oilfield Limited Company

Abstract: A coal-fired gas boiler station in X Oilfield has the resource foundation for the geothermal energy alternative pilot trials. In view of the fact that the oilfield urgently needs to establish a clean alternative pilot area, the geothermal alternative pilot study has been carried out in stages and batches. On the basis of solving the problem of "taking heat without water", the heat transfer efficiency was fully considered, and the circulation heat transfer development mode of U-shaped well was preferred. By optimizing the wellbore structure and well trajectory and combining with magnetic positioning technology, drilling fluid system was preferentially selected and completion plan was optimized to realize the whole process optimization of drilling and completion technology. U-shaped well geothermal alternative test project was helpful to determine the depth, temperature, heat storage and heat transfer efficiency in the development process of middle-deep geothermal energy. Thus, it can form a technical system of "taking heat without taking water" for geothermal energy in the middle and deep layers. The technology provides technical support for theoretical innovation and technological innovation in the exploration and development of middle-deep geothermal energy.

Key Words: geothermal; alternative; test area; taking heat without water; U-shaped well

Leakage treatment for the output shaft of gearbox in the pumping unit

Chang Hui

No.7 Oil Production Company of Daqing Oilfield Limited Company

Abstract: In order to effectively control the leakage of the output shaft of the gearbox in the pumping unit, improve its operating efficiency, the leakage reasons for output shaft of gearbox in the pumping unit are analyzed. One reason causing the leakage is the wear and failure of the output shaft seal; and the other reason is caused by impurities contaminating the lubricating oil to block the passage of returning oil. In order to solve the leakage problems, box type magnetic adsorption devices, magnetic fluid sealing devices and new type of exhalation valves have been developed individually, which have been applied in 322 wells in the field with no leakage problems observed, The leakage treatment measures for the output shaft of gearbox in the pumping unit are safe and effective, which can improve the operational efficiency of the gearbox.

Key Words: gearbox; leakage; magnetic fluid; magnetic adsorption device; exhalation valve